混凝土及原材料
试验实操培训教程

HUNNINGTU JI YUANCAILIAO
SHIYAN SHICAO PEIXUN JIAOCHENG

广州市散装水泥管理办公室　广州市混凝土行业协会　广州市建筑集团混凝土有限公司　编

暨南大學出版社
JINAN UNIVERSITY PRESS

中国・广州

图书在版编目（CIP）数据

混凝土及原材料试验实操培训教程/广州市散装水泥管理办公室，广州市混凝土行业协会，广州市建筑集团混凝土有限公司编．—广州：暨南大学出版社，2015.9（2016.10 重印）
ISBN 978－7－5668－1479－1

Ⅰ.①混…　Ⅱ.①广…　②广…　③广…　Ⅲ.①混凝土—原材料—材料试验—技术培训—教材　Ⅳ.①TU528.062－33

中国版本图书馆 CIP 数据核字(2015)第 130966 号

混凝土及原材料试验实操培训教程
HUNNINGTU JI YUANCAILIAO SHIYAN SHICAO PEIXUN JIAOCHENG
编者：广州市散装水泥管理办公室　广州市混凝土行业协会
　　　广州市建筑集团混凝土有限公司

出 版 人：徐义雄
责任编辑：黄文科　李倬吟
责任校对：刘碧坚
责任印制：汤慧君　周一丹

出版发行：暨南大学出版社（510630）
电　　话：总编室（8620）85221601
　　　　　营销部（8620）85225284　85228291　85228292（邮购）
传　　真：（8620）85221583（办公室）　85223774（营销部）
网　　址：http://www.jnupress.com　http://press.jnu.edu.cn
排　　版：广州尚文数码科技有限公司
印　　刷：佛山市浩文彩色印刷有限公司
开　　本：787mm×1092mm　1/16
印　　张：7.75
字　　数：110 千
版　　次：2015 年 9 月第 1 版
印　　次：2016 年 10 月第 2 次
定　　价：25.00 元（随书附送光盘一张）

目录

CONTENTS

第八章　混凝土力学性能及耐久性试验

第九章　其他试验检验方法

第一章　水　泥

一、水泥胶砂强度检验

（一） 水泥胶砂的制备

1. 试验依据

GB/T 17671—1999《水泥胶砂强度检验方法（ISO 法）》。

2. 试验仪器设备

试验室：温度为（20 ± 2）℃，相对湿度应不低于 50%；水泥试样、拌和用水、仪器和用具的温度应与试验室一致。

试体带模养护的养护箱：温度保持（20 ± 1）℃，相对湿度不低于 90%。

试体养护池：水温应在（20 ± 1）℃范围内。

行星式胶砂搅拌机。

试模：由三个水平的模槽组成，可同时成型三条截面为 40mm × 40mm，长 160mm 的棱形试体。

振实台：符合 JC/T 682 要求。

电子天平：精度 ± 1g。

中国 ISO 标准砂、物料盘、两个播料器、金属刮平直尺等试验用具。

3. 胶砂的制备

（1）配合比。

胶砂的质量配合比应为一份水泥、三份标准砂和半份水，一锅胶砂成三条试体，每锅材料需要量见下表：

每锅胶砂材料需要量

（单位：克）

水泥品种	材料量		
	水泥	标准砂	水
硅酸盐水泥	450 ±2	1 350 ±5	225 ±1
普通硅酸盐水泥			

（2）配料。

水泥、砂、水和试验用具的温度与试验室相同，称量用的天平精度应为 ±1g。当用自动滴管加 225mL 的水时，滴管精度应达到 ±1mL。

（3）搅拌。

每锅胶砂用搅拌机进行机械搅拌。先使搅拌机处于待机工作状态，然后按以下程序进行操作：

①把水加入锅里，再加入水泥，把锅放在固定架上，并上升至固定位置。

②立即开动机器，低速搅拌 30s 后，在第二个 30s 开始的同时均匀地将砂加入。当各级砂是分装时，从最粗粒级开始，依次将所需的每级砂量加完。把机器转至高速再搅拌 30s。

③停拌 90s，在第一个 15s 内用胶皮刮具将叶片和锅壁上的胶砂刮入锅中间。在高速下继续搅拌 60s。各个搅拌阶段，时间误差应在 ±1s以内。

（4）成型。

胶砂制备后立即进行成型。将空试模和模套固定在振实台上，用一个适当的勺子直接从搅拌锅里将胶砂分两层装入试模，装第一层时，每个槽里约放 300g 的胶砂，用大播料器垂直架在模套顶部沿每个模槽来回一次将料层播平，接着振实 60 次。再装入第二层胶砂，用小播料器播平，再振实 60 次。移走模套，从振实台上取下试模，将一金属直尺以接近 90°的角度架在试模模顶的一端，然后沿试模长度方向以横向锯割动作慢慢向另一端移动，一次将超过试模部分的胶砂刮去，并用同一直尺在近乎水平的情况下将试体表面抹平。

在试模上做标记或加字条标明试件编号和试件相对于振实台的位置。

（5）养护。

①脱模前的处理和养护。

去掉留在模子四周的胶砂。立即将做好标记的试模放入雾室或湿箱的水平架子上养护，湿空气应能与试模各边接触。养护时不应将试模放在其他试模上。一直养护到规定的脱模时间，取出脱模。脱模前，用防水墨汁或颜料笔对试体进行编号和做其他标记。两个龄期以上的试体，在编号时应将同一试模中的三条试体分在两个以上龄期内。

②脱模。

脱模应非常小心。对于 24h 龄期的，应在破型试验前 20min 内脱模。对于 24h 以上龄期的，应在成型后 20 ~ 24h

脱模。

③水中养护。

将做好标记的试件立即水平或竖直放在（20±1)℃的水中养护，水平放置时刮平面应朝上。试件放在不易腐烂的篦子上，并彼此间保持一定间距，以让水与试件的六个面接触。养护期间试件之间间隔或试体上表面的水深不得小于5mm。每个养护池只养护同类型的水泥试件。

（二）抗折强度试验

1. 试验依据

GB/T 17671—1999《水泥胶砂强度检验方法（ISO法)》。

2. 试验仪器设备

试验室：温度为（20±2)℃，相对湿度应不低于50%。

抗折强度试验机：应符合JC/T 724的要求。

3. 抗折强度测定

将试体的一个侧面放在试验机的支撑圆柱上，试体长轴垂直于支撑圆柱，通过加荷圆柱以（50±10）N/s的速率均匀地将荷载垂直地加在棱柱体相对侧面上，直至折断。

保持两个半截棱柱体处于潮湿状态直至抗压试验。

抗折强度 R_t 以牛顿每平方毫米（MPa）表示，按式（1）进行计算：

$$R_t = \frac{1.5F_f L}{b^3} \qquad (1)$$

式中：

F_f——折断时施加于棱柱体中部的荷载，N；

L——支撑圆柱之间的距离，mm；

b——棱柱体正方形截面的边长，mm。

4. 试验结果的确定

以一组三个棱柱体抗折结果的平均值作为试验结果。若三个强度值中有超出平均值±10%的，应剔除后再取平均值作为抗折强度试验结果。

各试体的抗折强度记录至0.1MPa，平均值计算精确至0.1MPa。

5. 试验报告

报告应包括所有单个强度结果（包括按规定舍去的试验结果）和计算出的平均值。

（三）抗压强度试验

1. 试验依据

GB/T 17671—1999《水泥胶砂强度检验方法（ISO法）》。

2. 试验仪器设备

试验室：温度为（20±2）℃，相对湿度应不低于50%。

抗压强度试验机。

抗压强度试验机用夹具：应符合JC/T 683的要求，受压面积为40mm×40mm。

3. 抗压强度测定

抗压强度试验通过抗压强度试验机和抗压强度试验机用夹

具规定的仪器，在半截棱柱体的侧面上进行。

半截棱柱体中心与压力中心差应在 ±0.5mm 内，棱柱体露在压板外的部分约有 10mm。

在整个加荷过程中以（2 400 ±200）N/s 的速率均匀地加荷直至破坏。

抗压强度 R_c 以牛顿每平方毫米（MPa）表示，按式（2）进行计算：

$$R_c = \frac{F_c}{A} \cdots\cdots (2)$$

式中：

R_c——破坏时的最大荷载，N；

A——受压部分面积，mm^2（$40mm \times 40mm = 1\ 600mm^2$）。

4. **试验结果的确定**

以一组三个棱柱体上得到的六个抗压强度测定值的算术平均值为试验结果。

如六个测定值中有一个超出平均值 ±10% 时，应剔除这个结果，而以剩下五个的平均数为结果。如果五个测定值中再有超过它们平均数 ±10% 的，则此组结果作废。

各个半棱柱体得到的单个抗压强度结果计算至 0.1MPa，平均值计算精确至 0.1MPa。

5. **试验报告**

报告应包括所有单个强度结果（包括按规定舍去的试验结果）和计算出的平均值。

二、水泥标准稠度用水量、凝结时间、安定性检验

（一）水泥标准稠度用水量试验

1. 试验依据

GB/T 1346—2011《水泥标准稠度用水量、凝结时间、安定性检验方法》。

2. 试验仪器设备

试验室：温度为（20±2）℃，相对湿度应不低于50%；水泥试样、拌和用水、仪器和用具的温度应与试验室一致。

湿气养护箱：温度为（20±1）℃，相对湿度不低于90%。

水泥净浆搅拌机。

标准法维卡仪。

标准稠度试杆。

电子天平：最大称量不小于1 000g，分度值不大于1g。

玻璃板或金属板：边长或直径100mm、厚度4～5mm的平板玻璃或金属板。

截顶圆锥试模、量筒或滴定管等试验用具。

3. 水泥净浆的拌制

用水泥净浆搅拌机搅拌，搅拌锅和搅拌叶片先用湿布擦过，将拌和水倒入搅拌锅内，然后在5～10s内小心地将称好的500g水泥加入水中，防止水和水泥溅出；拌和时，先将锅放在搅拌机的锅座上，升至搅拌位置，启动搅拌机，低速搅拌120s，停15s，同时将叶片和锅壁上的水泥浆刮入锅中，接着高速搅拌120s后停机。

4. 标准稠度用水量的测定步骤

拌和结束后，立即取适量水泥净浆一次性装入已置于玻璃底板的试模中，浆体超过试模上端，用宽约25mm的直边刀轻轻拍打超出试模部分的浆体5次以排除浆体中的孔隙，然后在试模表面约1/3处，略倾斜于试模分别向外轻轻锯掉多余净浆，再从试模边缘轻抹顶部一次，使净浆表面光滑。在锯掉多余净浆和抹平的操作过程中，注意不要压实净浆；抹平后迅速将试模和底板移到维卡仪上，并将其中心定在试杆下，降低试杆直至与水泥净浆表面接触，拧紧螺丝1～2s后，突然放松，使试杆垂直自由地沉入水泥净浆中。在试杆停止沉入或释放试杆30s时记录试杆与底板之间的距离，升起试杆后，立即擦净；整个操作应在搅拌后1.5min内完成。以试杆沉入净浆并距离底板（6±1）mm的水泥净浆为标准稠度净浆。其拌和水量为该水泥的标准稠度用水量（P），按水泥质量的百分比计。

（二）凝结时间测定试验

1. 试验依据

GB/T 1346—2011《水泥标准稠度用水量、凝结时间、安定性检验方法》。

2. 试验仪器设备

试验室：温度为（20±2）℃，相对湿度应不低于50%；水泥试样、拌和用水、仪器和用具的温度应与试验室一致。

湿气养护箱：温度为（20±1）℃，相对湿度不低于90%。

水泥净浆搅拌机。

标准法维卡仪。

初凝用试针、终凝用试针。

电子天平：最大称量不小于1 000g，分度值不大于1g。

玻璃板或金属板：边长或直径100mm、厚度4～5mm的平板玻璃或金属板。

截顶圆锥试模、量筒或滴定管等试验用具。

3. 试件的制备

以标准稠度用水量拌制的标准稠度净浆，按标准稠度用水量的测定步骤装模和刮平后，立即放入湿气养护箱中，记录水泥全部加入水中的时间作为凝结时间的起始时间。

4. 初凝时间的测定

试件在湿气养护箱中养护至加水后30min时进行第一次测定。测定时，从湿气养护箱中取出试模放到试针下，降低试针，使其与水泥净浆表面接触。拧紧螺丝1～2s后，突然放松，使试杆垂直自由地沉入水泥净浆中。观察试针下沉或释放试针30s时指针的读数。临近初凝时间时每隔5min或更短时间测定一次，当试针沉至（4±1）mm时，水泥达到初凝状态。从水泥全部加入水中至初凝状态的时间为水泥的初凝时间，用min来表示。

5. 终凝时间的测定

在完成初凝时间测定后，立即将试模连同浆体以平移的方式从玻璃板取下，翻转180°，直径大端向上，小端向下放在玻璃板上，再放入湿气养护箱中进行养护。临近终凝时间每隔15min或更短时间测定一次，当试针沉入试体0.5mm时（即环形附件开始不能在试体上留下痕迹时），水泥达到终凝状态。从水泥全部加入水中至终凝状态的时间为水泥的终凝时间，用min来表示。

（三）安定性测定试验（标准法）

1. 试验依据

GB/T 1346—2011《水泥标准稠度用水量、凝结时间、安定性检验方法》。

2. 试验仪器设备

试验室：温度为（20±2）℃，相对湿度应不低于50%；水泥试样、拌和用水、仪器和用具的温度应与试验室一致。

湿气养护箱：温度为（20±1）℃，相对湿度不低于90%。

水泥净浆搅拌机。

雷氏夹膨胀测定仪。

雷氏夹。

电子天平：最大称量不小于1 000g，分度值不大于1g。

玻璃板或金属板：边长或直径80mm、厚度4~5mm的玻璃板或金属板。

3. 雷氏夹试件的成型

将预先准备好的雷氏夹放在已稍擦油的玻璃板上，并立即将已制好的标准稠度净浆一次装满雷氏夹，装浆时一只手轻轻扶持雷氏夹，另一只手用宽约25mm的直边刀在浆体表面轻轻插捣3次，然后抹平，盖上稍擦油的玻璃板，接着立即将试体移至湿气养护箱内养护（24±2）h。

4. 沸煮

调整好沸煮箱内的水位，使其能保证在整个沸煮过程中都超过试件，不需中途添补试验用水，同时又能保证在

(30±5) min内升至沸腾。

脱去玻璃板取下试件，先测量雷氏夹指针尖端间的距离(A)，精确到0.5mm，接着将试件放入沸煮箱水中的试件架上，指针朝上，然后在(30±5) min内加热至沸并恒沸(180±5) min。

沸煮结束后，立即放掉沸煮箱中的热水，打开箱盖，待箱体冷却至室温，取出试件进行判别。测量雷氏夹指针尖端的距离(C)，准确至0.5mm，当两个试件沸煮后增加距离($C-A$)的平均值不大于5.0mm时，即认为该水泥安定性合格；当($C-A$)的平均值大于5.0mm时，应用同一样品立即重做一次试验，以复验结果为准。

(四) 安定性测定方法 (代用法)

1. 试验前的准备

每个样品需准备两块边长约100mm的玻璃板，凡与水泥净浆接触的玻璃板都要稍稍涂上一层油。

2. 试饼的成型

将制好的标准稠度净浆取出一部分分成两等份，使之成球形，放在预先准备好的玻璃板上，轻轻振动玻璃板并用湿布擦过的小刀由边缘向中央抹，做成直径70~80mm、中心厚约10mm、边缘渐薄、表面光滑的试饼，接着将试饼放入湿气养护箱内养护(24±2) h。

3. 沸煮

调整好沸煮箱内的水位，使其能保证在整个沸煮过程中都超过试饼，不需中途添补试验用水，同时又能保证在

(30 ±5) min内升至沸腾。

脱去玻璃板取下试饼，在试饼无缺陷的情况下将试饼放在沸煮箱水中的篦板上，在（30 ± 5）min 内加热至沸并恒沸（180 ±5）min。

沸煮结束后，立即放掉沸煮箱中的热水，打开箱盖，待箱体冷却至室温，取出试饼进行判别。目测试饼未发现裂缝，用钢直尺检查也没有弯曲（使钢直尺和试饼底部紧靠，以两者间不透光为不弯曲）的试饼为安定性合格，反之为不合格。当两个试饼判别结果有矛盾时，该水泥的安定性为不合格。

三、水泥细度、比表面积检验

（一）水泥细度检验（负压筛析法）

1. 试验依据

GB/T 1345—2005《水泥细度检验方法　筛析法》。

2. 试验仪器设备

试验室：温度为（20 ±2)℃，相对湿度不大于50%；水泥试样、仪器和用具的温度应与试验室一致。

负压筛析仪、电子天平和80μm 筛或45μm 筛等。

3. 操作程序

（1）试验前所有试验筛应保持清洁，负压筛保持干燥。试验时，80μm 筛析试验称取试样 25g，45μm 筛析试验称取试样 10g。

（2）筛析试验前应把负压筛放在筛座上，盖上筛盖，接通电源，检查控制系统，调节负压至4 000 ~6 000Pa 范围内。

（3）称取试样精确至0.01g，置于洁净的负压筛中，放在筛座上，盖上筛盖，接通电源，开动筛析仪连续筛析2min，在此期间如有试样附着筛盖上，可轻轻地敲击筛盖使试样落下。筛毕，用天平称量全部筛余物。

4. 结果计算及处理

水泥试样筛余百分数按下式计算：

$$F = \frac{R_t}{W} \times 100$$

式中：

F——水泥试样的筛余百分数，单位为质量百分数（%）；

R_t——水泥筛余物的质量，单位为克（g）；

W——水泥试样的质量，单位为克（g）。

结果计算至0.1%。

（二）水泥比表面积测定（勃氏法）

1. 试验依据

GB/T 8074—2008《水泥比表面积测定方法　勃氏法》。

2. 试验仪器设备

试验室：温度为（20±2）℃，相对湿度不大于50%；水泥试样、仪器和用具的温度应与试验室一致。

勃氏比表面积透气仪、烘干箱、分析天平、秒表和中速定量滤纸等。

3. 操作步骤

（1）测定水泥密度，按 GB/T 208 测定水泥密度。

（2）漏气检查：将透气圆孔上口用橡皮塞塞紧，接到压力计上。用抽气装置从压力计一臂中抽出部分气体，然后关闭阀门，观察是否漏气。如发现漏气，可用活塞油脂加以密封。

（3）空隙率的确定：PⅠ、PⅡ型水泥的空隙率采用 0.500 ± 0.005，其他水泥或粉料的空隙率选用 0.530 ± 0.005。当按上述空隙率不能将试样压至 GB/T 8074—2008 标准 7.5 规定的位置时，则允许改变空隙率。空隙率的调整以 2 000g 砝码（5 等砝码）将试样压实至规定的位置为准。

（4）确定试样量：

试样量按式（1）计算：

$$m = \rho V (1 - \varepsilon) \quad \cdots\cdots (1)$$

式中：

m——需要的试样量，单位为克（g）；

ρ——试样密度，单位为克每立方厘米（g/cm^3）；

V——试料层体积，按 JC/T 956 测定，单位为立方厘米（cm^3）；

ε——试料层空隙率，参见 GB/T 8074—2008 标准（附录 A）。

（5）试料层制备：将穿孔板放入透气圆筒的突缘上，用捣棒把一片滤纸放到穿孔板上，边缘放平并压紧。称取确定试样量，精确到 0.001g，倒入圆筒，轻敲圆筒的边，使水泥层表面平坦，再放入一片滤纸，用捣器均匀捣实试料直至捣器的支持环与圆筒顶边接触，并旋转 1 ~ 2 圈，慢慢取出捣器。

穿孔板上的滤纸为直径 12.7mm 边缘光滑的圆形滤纸片，每次测定需用新的滤纸片。

（6）透气试验：把装有试料层的透气圆筒下锥面涂一薄层活塞油脂，然后把它插入压力计顶端锥形磨口处，旋转 1 ~ 2 圈。要保证紧密连接不致漏气，并不振动所制备的试料层。

打开微型电磁泵慢慢从压力计一臂中抽出空气，直到压力计内液面上升到扩大部下端时关闭阀门。当压力计内液体的凹月面下降到第一条刻线时开始计时，当液体的凹月面下降到第二条刻线时停止计时，记录液面从第一条刻度线到第二条刻度线所需的时间，以秒记录，并记录下试验时的温度。每次透气试验，应重新制备试料层。

4. 计算

当被测试样的密度、试料层中空隙率与标准样品相同，试验时的温度与校准温度之差≤3℃时，按式（2）计算。

$$S = \frac{S_s \sqrt{T}}{\sqrt{T_s}} \quad \cdots\cdots (2)$$

如试验时的温度与校准温度之差 > 3℃ 时，按式（3）计算。

$$S = \frac{S_s \sqrt{\eta_s} \sqrt{T}}{\sqrt{\eta} \sqrt{T_s}} \quad \cdots\cdots (3)$$

式中：

S——被测试样的比表面积，单位为平方厘米每克（cm^2/g）；

S_s——标准样品的比表面积，单位为平方厘米每克（cm^2/g）；

T——被测试样试验时，压力计中液面降落测得的时间，单位为秒（s）；

T_s——标准试样试验时，压力计中液面降落测得的时间，单位为秒（s）；

η——被测试样试验温度下的空气粘度，单位为微帕·秒（μPa·s）；

η_s——标准样品试验温度下的空气粘度，单位为微帕·秒（μPa·s）。

5. 结果处理

水泥比表面积应由二次透气试验结果的平均值确定。如二次试验结果相差2%以上时，应重新试验，计算结果保留至$10cm^2/g$。

四、三氧化硫、氧化镁的检验

（一）三氧化硫的测定——硫酸钡重量法（基准法）

1. 试验依据

GB/T 176—2008《水泥化学分析方法》。

2. 试验仪器设备

试验室：温度为（20±2）℃，相对湿度不大于50%；水泥试样、仪器和用具的温度应与试验室一致。

分析天平、高温炉、中速滤纸、烧杯等。

3. 分析步骤

称取约0.5g试样，精确至0.000 1g，置于200mL烧杯中，加入约40mL水，搅拌使试样完全分散，在搅拌中加入10mL盐酸（1+1），用平头玻璃棒压碎块状物，加热煮沸并保持微沸(5±0.5) min。玻璃棒底部压一小片定量滤纸，盖上表面皿，加热煮沸，在微沸下从杯口缓慢逐滴加入10mL热的氯化钡溶液，继续微沸3min以上使沉淀良好地形成，然后在常温下静置12～24h或温热处静置至少4h（仲裁分析应在常温下静置12～24h），此时溶液体积应保持在约200mL。用慢速定量滤纸过滤，以温水洗涤，直至检验无氯离子为止。

将沉淀及滤纸一并移入已灼烧恒量的瓷坩埚中，灰化完全后，放入800℃～950℃的高温炉内灼烧30min，取出坩埚，置于干燥器中冷却至室温，称量。反复灼烧，直至恒量。

4. 结果的计算

试样中三氧化硫的质量分数ω_{SO_3}按式（24）计算：

$$\omega_{SO_3}=\frac{m_{12}\times 0.343}{m_{11}}\times 100 \quad \cdots\cdots\cdots\cdots\cdots\cdots\cdots\cdots\cdots\cdots\cdots\cdots (24)$$

式中：

ω_{SO_3}——三氧化硫的质量分数,%；

m_{12}——灼烧后沉淀的质量，单位为克（g）；

m_{11}——试料的质量，单位为克（g）；

0.343——硫酸钡对三氧化硫的换算系数。

（二） 氧化镁的测定——EDTA 滴定差减法 （代用法）

1. 试验依据

GB/T 176—2008《水泥化学分析方法》。

2. 试验仪器设备

试验室：温度为（20 ±2）℃，相对湿度不大于50%；水泥试样、仪器和用具的温度应与试验室一致。

分析天平、EDTA 标准滴定溶液、试验其余试剂、烧杯等。

3. 分析步骤

（1）一氧化锰含量（质量分数）≤0.5%时，氧化镁的测定。

从标准 11.2.2 溶液 A 或 12.2 溶液 B 中吸取 25mL 溶液放入 300mL 容量的烧杯中，加水稀释至约 200mL，加入 1mL 酒石酸钾钠溶液，搅拌，然后加入 5mL 三乙醇胺（1 +2），搅拌。加入 25mL pH10 缓冲溶液及适量的酸性铬蓝 K – 萘酚绿 B 混合指示剂，用 EDTA 标准滴定溶液滴定，近终点时应缓慢滴定至纯蓝色。

氧化镁的质量分数 ω_{MgO} 计算：

$$\omega_{MgO}=\frac{T_{MgO}\times(V_{30}-V_{31})\times 10}{m_{18}\times 1\,000}\times 100=\frac{T_{MgO}\times(V_{30}-V_{31})}{m_{18}} \quad \cdots\cdots (46)$$

式中：

ω_{MgO}——氧化镁的质量分数，%；

T_{MgO}——EDTA 标准滴定溶液对氧化镁的滴定度，单位为毫克每毫升（mg/mL）；

V_{30}——滴定钙、镁总量时消耗 EDTA 标准滴定溶液的体积，单位为毫升（mL）；

V_{31}——按 14.2 或 27.2 测定氧化钙时消耗 EDTA 标准滴定溶液的体积，单位为毫升（mL）；

m_{18}——11.2.1（m_{13}）或 12.2（m_{17}）中试料的质量，单位为克（g）。

（2）一氧化锰含量（质量分数）>0.5% 时，氧化镁的测定。

除将三乙醇胺（1+2）的加入量改为 10mL，并在滴定前加入 0.5～1g 盐酸羟胺外，其余分析步骤同一氧化锰含量（质量分数）≤0.5% 时氧化镁的测定。

氧化镁的质量分数 ω_{MgO} 计算：

$$\omega_{MgO}=\frac{T_{MgO}\times(V_{32}-V_{31})\times 10}{m_{18}\times 1\,000}\times 100-0.57\times\omega_{MnO}$$
$$=\frac{T_{MgO}\times(V_{32}-V_{31})}{m_{18}}-0.57\times\omega_{MnO}\quad\cdots\cdots(47)$$

式中：

ω_{MgO}——氧化镁的质量分数，%；

T_{MgO}——EDTA 标准滴定溶液对氧化镁的滴定度，单位为毫克每毫升（mg/mL）；

V_{32}——滴定钙、镁、锰总量时消耗 EDTA 标准滴定溶液的体积，单位为毫升（mL）；

V_{31}——按 14.2 或 27.2 测定氧化钙时消耗 EDTA 标准滴定溶液的体积，单位为毫升（mL）；

m_{18}——11.2.1（m_{13}）或 12.2（m_{17}）中试料的质量，单位为克（g）。

ω_{MnO}——按 20.2 或 36.2 测定的一氧化锰的质量分数，%；

0.57——一氧化锰对氧化镁的换算系数。

第二章　砂

一、砂的样品

（一）试验依据

GB/T 14684—2011《建设用砂》。

（二）试样

1. 取样方法

（1）在料堆上取样时，取样部位应均匀分布。取样前先将取样部位表层铲除，然后从不同部位随机抽取大致等量的砂八份，组成一组样品。

（2）从皮带运输机上取样时，应用与皮带等宽的接料器在皮带运输机头出料处全断面定时随机抽取大致等量的砂四份，组成一组样品。

（3）从火车、汽车、货船上取样时，从不同部位和深度随机抽取大致等量的砂八份，组成一组样品。

2. 取样数量

单项试验的最少取样数量应符合 GB/T 14864—2011《建设用砂》表 9 的规定。

表 9　单项试验取样数量

序号	试验项目		最少取样数量/kg
1	颗粒级配		4.4
2	含泥量		4.4
3	泥块含量		20.0
4	石粉含量		6.0
5	云母含量		0.6
6	轻物质含量		3.2
7	有机物含量		2.0
8	硫化物与硫酸盐含量		0.6
9	氯化物含量		4.4
10	贝壳含量		9.6
11	坚固性	天然砂	8.0
		机制砂	20.0
12	表观密度		2.6
13	松散堆积密度与空隙率		5.0
14	碱集料反应		20.0
15	放射性		6.0
16	饱和面干吸水率		4.4

3. 试样处理

（1）用分料器法：将样品在潮湿状态下拌和均匀，然后通过分料器，取接料斗中的其中一份再次通过分料器。重复上述过程，直至把样品缩分到试验所需量为止。

（2）人工四分法：将所取样品置于平板上，在潮湿状态下拌和均匀，并堆成厚度约为 20mm 的圆饼，然后沿互相垂直的两条直径把圆饼分成大致相等的四份，取其中对角线的两份重新拌匀，再堆成圆饼。重复上述过程，直至把样品缩分到试验所需量为止。

（3）堆积密度、机制砂坚固性试验所用试样可不经缩分，在拌匀后直接进行试验。

二、颗粒级配

（一）试验依据

GB/T 14684—2011《建设用砂》。

（二）试验仪器设备

试验室：温度保持在（20 ± 5）℃。

试验用筛：应满足 GB/T 6003. 1 和 GB/T 6003. 2 中方孔试验筛的规定，筛孔大于 4. 00mm 的试验筛应采用穿孔板试验筛。

鼓风干燥箱：能使温度控制在（105 ± 5）℃。

天平：称量 1 000g，感量 1g。

摇筛机、搪瓷盘、毛刷等。

（三）试验步骤

（1）按7.1规定取样，筛除直径大于9.50mm的颗粒（并算出其筛余百分率），并将试样缩分至约1 100g，放在干燥箱中于（105±5）℃下烘干至恒量，待冷却至室温后，分为大致相等的两份备用。

注：恒量系指试样在烘干3h以上的情况下，其前后质量之差不大于该项试验所要求的称量精度（下同）。

（2）称取试样500g，精确至1g。将试样倒入按孔径大小从上到下组合的套筛（附筛底）上，然后进行筛分。

（3）将套筛置于摇筛机上，摇10min；取下套筛，按筛孔大小顺序再逐个用手筛，筛至每分钟通过量小于试样总量0.1%为止。通过的试样并入下一号筛中，并和下一号筛中的试样一起过筛，按这样的顺序进行，直至各号筛全部筛完为止。

称出各号筛的筛余量，精确至1g，试样在各号筛上的筛余量不得超过按式（1）计算出的量。

$$G = \frac{A \times d^{1/2}}{200} \quad \cdots\cdots (1)$$

式中：

G——在一个筛上的筛余量，单位为克（g）；

A——筛面面积，单位为平方毫米（mm^2）；

d——筛孔尺寸，单位为毫米（mm）。

超过时应按下列方法之一处理：

①将该粒级试样分成少于按式（1）计算出的量，分别筛分，并以筛余量之和作为该号筛的筛余量。

②将该粒级及以下各粒级的筛余混合均匀，称出其质量，精确至1g；再用四分法缩分为大致相等的两份，取其中一份，称出其质量，精确至1g，继续筛分。计算该粒级及以下各粒级的分计筛余量时应根据缩分比例进行修正。

（四）结果计算与评定

（1）计算分计筛余百分率：各号筛的筛余量与试样总量之比，计算精确至0.1%。

（2）计算累计筛余百分率：该号筛的分计筛余百分率加上该号筛以上各分计筛余百分率之和，精确至0.1%。筛分后，如每号筛的筛余量与筛底的剩余量之和同原试样质量之差超过1%时，应重新试验。累计筛余百分率取两次试验结果的算术平均值，精确至1%。

（3）砂的细度模数按式（2）计算，精确至0.01：

$$M_x = \frac{(A_2 + A_3 + A_4 + A_5 + A_6) - 5A_1}{100 - A_1} \qquad \cdots\cdots (2)$$

式中：

M_x——细度模数；

A_1、A_2、A_3、A_4、A_5、A_6——分别为4.75mm、2.36mm、1.18mm、600μm、300μm、150μm筛的累计筛余百分率。

三、含泥量

（一）试验依据

GB/T 14684—2011《建设用砂》。

（二）试验仪器设备

试验室：温度保持在（20±5）℃。

鼓风干燥箱：能使温度控制在（105±5）℃。

天平：称量1 000g，感量0.1g。

方孔筛：孔径为75μm及1.18mm的筛各一只。

容器：要求淘洗试样时，保持试样不溅出（深度大于250mm）。

搪瓷盘、毛刷等。

（三）试验步骤

（1）按7.1规定取样，并将试样缩分至约1 100g，放在干燥箱中于（105±5）℃下烘干至恒量，待冷却至室温后，分为大致相等的两份备用。

（2）称取试样500g，精确至0.1g。将试样倒入淘洗容器中，注入清水，使水面高于试样面约150mm，充分搅拌均匀后，浸泡2h，然后用手在水中淘洗试样，使尘屑、淤泥和粘土与砂粒分离，把浑水缓缓倒入1.18mm及75μm的套筛上（1.18mm筛放在75μm筛上面），滤去小于75μm的颗粒。试验前筛子的两面应先用水润湿，在整个过程中应小心防止砂粒流失。

（3）再向容器中注入清水，重复上述操作，直至容器内的水目测清澈为止。

（4）用水淋洗剩余在筛上的细粒，并将75μm筛放在水中（使水面略高出筛中砂粒的上表面）来回摇动，以充分洗掉小于75μm的颗粒，然后将两只筛的筛余颗粒和清洗容器中已经洗净的试样一并倒入搪瓷盘，放在干燥箱中于（105±5）℃下烘干至恒量，待冷却至室温后，称出其质量，精确至0.1g。

（四）结果计算与评定

（1）含泥量按式（3）计算，精确至0.1%：

$$Q_a = \frac{G_0 - G_1}{G_0} \times 100 \quad \cdots\cdots\cdots\cdots (3)$$

式中：

Q_a——含泥量，%；

G_0——试验前烘干试样的质量，单位为克（g）；

G_1——试验后烘干试样的质量，单位为克（g）。

（2）含泥量取两个试样的试验结果算术平均值作为测定值，采用修约值比较法进行评定。

四、泥块含量

（一）试验依据

GB/T 14684—2011《建设用砂》。

（二）试验仪器设备

试验室：温度保持在（20±5）℃。

鼓风干燥箱：能使温度控制在（105±5）℃。

天平：称量1 000g，感量0.1g。

方孔筛：孔径为600μm及1.18mm的筛各一只。

容器：要求淘洗试样时，保持试样不溅出（深度大于250mm）。

搪瓷盘、毛刷等。

（三）试验步骤

（1）按7.1规定取样，并将试样缩分至约5 000g，放在干燥箱中于（105±5）℃下烘干至恒量，待冷却至室温后，筛除小于1.18mm的颗粒，分为大致相等的两份备用。

（2）称取试样200g，精确至0.1g。将试样倒入淘洗容器中，注入清水，使水面高于试样面约150mm，充分搅拌均匀后，浸泡24h。然后用手在水中碾碎泥块，再把试样放在600μm筛上，用水淘洗，直至容器内的水目测清澈为止。

（3）保留下来的试样小心地从筛中取出，装入浅盘后，放在干燥箱中于（105±5）℃下烘干至恒量，待冷却到室温后，称出其质量，精确至0.1g。

（四）结果计算与评定

（1）泥块含量按式（6）计算，精确至0.1%：

$$Q_b = \frac{G_1 - G_2}{G_1} \times 100 \quad \cdots\cdots (6)$$

式中：

Q_b——泥块含量，%；

G_1——1.18mm 筛筛余试样的质量，单位为克（g）；

G_2——试验后烘干试样的质量，单位为克（g）。

（2）泥块含量取两次试验结果算术平均值作为测定值，精确至0.1%。

（3）采用修约值比较法进行评定。

五、氯化物含量

（一）试验依据

GB/T 14684—2011《建设用砂》。

（二）试验仪器设备及试剂

试验室：温度保持在（20±5）℃。

鼓风干燥箱：能使温度控制在（105±5）℃。

天平：称量1 000g，感量0.1g。

带塞磨口瓶：1L。

三角瓶：300mL。

移液管：50mL。

滴定管：10mL或25mL，精度0.1mL。

容量瓶：500mL。

1 000mL 烧杯、滤纸、搪瓷盘、毛刷等。

本试验用试剂和材料如下：

0.01mol/L 氯化钠标准溶液；0.01mol/L 硝酸银标准溶液；5% 铬酸钾指示剂溶液。

以上三种溶液配制及标定方法按 GB/T 601、GB/T 602 的规定进行。

（三）试验步骤

（1）按 7.1 规定取样，并将试样缩分至约 1 100g，放在干燥箱中于（105±5）℃下烘干至恒量，待冷却至室温后，分为大致相等的两份备用。

（2）称取试样 500g，精确至 0.1g。将试样倒入磨口瓶中，用容量瓶量取 500mL 蒸馏水，注入磨口瓶，盖上塞子，摇动一次后，放置 2h，然后，每隔 5min 摇动一次，共摇动 3 次，使氯盐充分溶解。将磨口瓶上部已澄清的溶液过滤，然后用移液管吸取 50mL 滤液，注入三角瓶中，再加入 5% 铬酸钾指示剂 1mL，用 0.01mol/L 硝酸银标准溶液滴定至呈现砖红色为终点。记录消耗的硝酸银标准溶液的毫升数，精确至 1mL。

（3）空白试验：用移液管移取 50mL 蒸馏水注入三角瓶内，加入 5% 铬酸指示剂 1mL，并用 0.01mol/L 硝酸银溶液滴定至溶液呈现砖红色为止，记录此点消耗的硝酸银标准溶液的毫升数，精确至 1mL。

（四）结果计算与评定

（1）氯离子含量按式（10）计算，精确至 0.01%：

$$Q_f=\frac{N(A-B)\times 0.0355\times 10}{G_0}\times 100 \quad \cdots\cdots\cdots\cdots\cdots\cdots (10)$$

式中：

Q_f——氯离子含量,%；

N——硝酸银标准溶液的浓度，单位为摩尔每升（mol/L）；

A——样品滴定时消耗的硝酸银标准溶液的体积，单位为毫升（mL）；

B——空白试验时消耗的硝酸银标准溶液的体积，单位为毫升（mL）；

0.035 5——换算系数；

10——全部试样溶液与所分取试样溶液的体积比；

G_0——试样质量，单位为克（g）。

（2）氯离子含量取两次试验结果的算术平均值，精确至0.01%。

（3）采用修约值比较法进行评定。

六、海砂中贝壳含量试验（盐酸清洗法）

（一）试验依据

GB/T 14684—2011《建设用砂》。

（二）试验仪器设备及试剂

试验室：温度保持在（20±5）℃。

鼓风干燥箱：能使温度控制在（105±5）℃。

天平：称量1 000g、感量1g和称量5 000g、感量5g的天平各一台。

试验筛：筛孔公称直径为5.00mm的方孔筛一只。

量筒：容量1 000mL。

搪瓷盆：直径200mm左右。

玻璃棒。

烧杯：容量2 000mL。

盐酸溶液：由浓盐酸（相对密度1.18，浓度26%~38%）和蒸馏水按1∶5的比例配制而成。

（三）试验步骤

（1）按7.1规定取样，将样品缩分至不少于2 400g，置于温度为（105±5）℃干燥箱中烘干至恒量，冷却至室温后，过筛孔公称直径为5.00mm的方孔筛后，称500g（m_1）试样两份，先按7.4测出砂的含泥量（Q_a），再将试样放入烧杯中备用。

（2）在盛有试样的烧杯中加入盐酸溶液900mL，不断用玻璃棒搅拌，使反应完全。待溶液中不再有气体产生后，再加少量上述盐酸溶液，若再无气体生成则表明反应已完全。否则，应重复上一步骤，直至无气体产生为止。然后进行五次清洗，清洗过程中要避免砂粒丢失。洗净后，置于温度为（105±5）℃的干燥箱中烘干至恒温，取出冷却至室温，称重（m_2）。

（四）结果计算与评定

（1）贝壳含量按式（11）计算，精确至0.1%：

$$Q_g = \frac{m_1 - m_2}{m_1} \times 100 - Q_a \quad \cdots\cdots (11)$$

式中：

Q_g——砂中贝壳含量，%；

m_1——试样总重，单位为克（g）；

m_2——试样除去贝壳后的质量，单位为克（g）；

Q_a——含泥量，%。

（2）以两次试验结果算术平均值作为测定值，精确至0.1%。

（3）当两次结果之差超过0.5%时，应重新取样进行试验，采用修约值比较法进行评定。

七、表观密度

（一）试验依据

GB/T 14684—2011《建设用砂》。

（二）试验仪器设备

试验室：温度保持在（20±5）℃。

鼓风干燥箱：能使温度控制在（105±5）℃。

天平：称量1 000g，感量0.1g。

容量瓶：500mL。

干燥器、搪瓷盘、滴管、毛刷、温度计等。

（三）试验步骤

（1）按7.1规定取样，并将试样缩分至约660g，放在干燥箱中于（105±5）℃下烘干至恒量，待冷却至室温后，分为大致相等的两份备用。

（2）称取试样300g，精确至0.1g。将试样装入容量瓶，注入冷开水至接近500mL的刻度处，用手旋转摇动容量瓶，使砂样充分摇动，排除气泡，塞紧瓶盖，静置24h。然后用滴管小心加水至容量瓶500mL刻度处，塞紧瓶塞，擦干瓶外水分，称出其质量，精确至1g。

（3）倒出瓶内水和试样，洗净容量瓶，再向容量瓶内注水［应与步骤（2）水温相差不超过2℃，并在15℃～25℃范围内］至500mL刻度处，塞紧瓶塞，擦干瓶外水分，称出其质量，精确至1g。

注：在砂的表观密度试验过程中应测量并控制水的温度，试验的各项称量可在15℃～25℃的温度范围内进行。从试样加水静置的最后2h起直至试验结束，其温度相差不应超过2℃。

（四）结果计算与评定

（1）砂的表观密度按式（15）计算，精确至10kg/m³：

$$\rho_0=\left(\frac{G_0}{G_0+G_2-G_1}-\alpha_t\right)\times\rho_{水} \quad \cdots\cdots\cdots\cdots (15)$$

式中：

ρ_0——表观密度，单位为千克每立方米（kg/m³）；

$\rho_{水}$——1 000，单位为千克每立方米（kg/m^3）；

G_0——烘干试样的质量，单位为克（g）；

G_1——试样，水及容量瓶的总质量，单位为克（g）；

G_2——水及容量瓶的总质量，单位为克（g）；

α_t——水温对表观密度影响的修正系数（见表10）。

表10　不同水温对砂的表观密度影响的修正系数

水温/℃	15	16	17	18	19	20	21	22	23	24	25
α_t	0.002	0.003	0.003	0.004	0.004	0.005	0.005	0.006	0.006	0.007	0.008

（2）表观密度取两次试验结果的算术平均值，精确至$10kg/m^3$；如两次试验结果之差大于$20kg/m^3$，应重新试验。

（3）采用修约值比较法进行评定。

八、堆积密度与空隙率

（一）试验依据

GB/T 14684—2011《建设用砂》。

（二）试验仪器设备

试验室：温度保持在（20±5）℃。

鼓风干燥箱：能使温度控制在（105±5）℃。

天平：称量10kg，感量1g。

容量筒：圆柱形金属筒，内径108mm，净高109mm，壁厚2mm，筒底厚约5mm，容积为1L。

方孔筛：孔径为4.75mm的筛一只。

垫棒：直径10mm，长500mm的圆钢。

直尺、漏斗或料勺、搪瓷盘、毛刷等。

（三）试验步骤

（1）按7.1规定取样，用搪瓷盘装取试样约3L，放在干燥箱中于（105±5）℃下烘干至恒量，待冷却至室温后，筛除大于4.75mm的颗粒，分为大致相等的两份备用。

（2）松散堆积密度：取试样一份，用漏斗或料勺将试样从容量筒中心上方50mm处徐徐倒入，让试样以自由落体落下，当容量筒上部试样呈堆体，且容量筒四周溢满时，即停止加料。然后用直尺沿筒口中心线向两边刮平（试验过程应防止触动容量筒），称出试样和容量筒总质量，精确至1g。

（3）紧密堆积密度：取试样一份分两次装入容量筒。装完第一层后（约计稍高于1/2），在筒底垫放一根直径为10mm的圆钢，将筒按住，左右交替击地面各25下。然后装入第二层，第二层装满后用同样方法颠实（但筒底所垫钢筋的方向与第一层时的方向垂直）后，再加试样直至超过筒口，然后用直尺沿筒口中心线向两边刮平，称出试样和容量筒总质量，精确至1g。

（四）结果计算与评定

（1）松散或紧密堆积密度按式（16）计算，精确至10kg/m³：

$$\rho_1 = \frac{G_1 - G_2}{V} \qquad (16)$$

式中：

ρ_1——松散堆积密度或紧密堆积密度，单位为千克每立方米（kg/m^3）；

G_1——容量筒和试样总质量，单位为克（g）；

G_2——容量筒质量，单位为克（g）；

V——容量筒的容积，单位为升（L）。

（2）空隙率按式（17）计算，精确至1%：

$$V_0 = \left(1 - \frac{\rho_1}{\rho_2}\right) \times 100 \quad \cdots\cdots (17)$$

式中：

V_0——空隙率，%；

ρ_1——试样的松散（或紧密）堆积密度，单位为千克每立方米（kg/m^3）；

ρ_2——按式（15）计算的试样表观密度，单位为千克每立方米（kg/m^3）。

（3）堆积密度取两次试验结果的算术平均值，精确至$10kg/m^3$。空隙率取两次试验结果的算术平均值，精确至1%。

（4）采用修约值比较法进行评定。

九、含水率

（一）试验依据

GB/T 14684—2011《建设用砂》。

（二） 试验仪器设备

试验室：温度保持在（20±5）℃。

鼓风干燥箱：能使温度控制在（105±5）℃。

天平：称量1 000g，感量0.1g。

吹风机（手提式）。

饱和面干试模及重约340g的捣棒。

干燥器、吸管、搪瓷盘、毛刷等。

（三） 试验步骤

（1）将自然潮湿状态下的试样用四分法分至约1 100g，拌匀后分为大致相等的两份备用。

（2）称取一份试样的质量，精确至0.1g。将试样倒入已知质量的烧杯中，放在干燥箱中于（105±5）℃下烘干至恒量。待冷却至室温后，再称出其质量，精确至0.1g。

（四） 结果计算与评定

（1）含水率按式（20）计算，精确至0.1%：

$$Z=\frac{G_2-G_1}{G_1}\times 100 \quad (20)$$

Z——含水率，%；

G_2——烘干前的试样质量，单位为克（g）；

G_1——烘干后的试样质量，单位为克（g）。

（2）含水率取两次试验结果的算术平均值，精确至0.1%；两次试验结果之差大于0.2%时，应重新试验。

第三章　建设用卵石、碎石

一、建设用卵石、碎石的试样

（一）试验依据

GB/T 14685—2011《建设用卵石、碎石》。

（二）试样

1. 取样方法

（1）在料堆上取样时，取样部位应均匀分布。取样前先将取样部位表层铲除，然后从不同部位随机抽取大致等量的石子15份（在料堆的顶部、中部和底部均匀分布的15个不同部位取得）组成一组样品。

（2）从皮带运输机上取样时，应用接料器在皮带运输机机头的出料处用与皮带等宽的容器，全断面定时随机抽取大致等量的石子8份，组成一组样品。

（3）从火车、汽车、货船上取样时，从不同部位和深度抽取大致等量的石子16份，组成一组样品。

2. 取样数量

单项试验的最少取样数量应符合表9的规定。若进行几项试验时，如能保证试样经一项试验后不致影响另一项试验的结果，可用同一试样进行几项不同的试验。

表9 单项试验取样数量

序号	试验项目	最大粒径/mm							
		9.5	16.0	19.0	26.5	31.5	37.5	63.0	75.0
		最少取样数量/kg							
1	颗粒级配	9.5	16.0	19.0	25.0	31.5	37.5	63.0	80.0
2	含泥量	8.0	8.0	24.0	24.0	40.0	40.0	80.0	80.0
3	泥块含量	8.0	8.0	24.0	24.0	40.0	40.0	80.0	80.0
4	针、片状颗粒含量	1.2	4.0	8.0	12.0	20.0	40.0	40.0	40.0
5	有机物含量	按试验要求的粒级和数量取样							
6	硫酸盐和硫化物含量								
7	坚固性								
8	岩石抗压强度	随机选取完整石块锯切或钻取成试验用样品							
9	压碎指标	按试验要求的粒级和数量取样							
10	表现密度	8.0	8.0	8.0	8.0	12.0	16.0	24.0	24.0
11	堆积密度与空隙率	40.0	40.0	40.0	40.0	80.0	80.0	120.0	120.0
12	吸水率	2.0	4.0	8.0	12.0	20.0	40.0	40.0	40.0
13	碱集料反应	20.0	20.0	20.0	20.0	20.0	20.0	20.0	20.0
14	放射性	6.0							
15	含水率	按试验要求的粒级和数量取样							

3. 试样处理

将所取样品置于平板上，在自然状态下拌和均匀，并堆成堆体，然后沿互相垂直的两条直径把堆体分成大致相等的四份，取其中对角线的两份重新拌匀，再堆成堆体。重复上述过程，直至把样品缩分到试验所需量为止。

4. **堆积密度试验所用试样可不经缩分，在拌匀后直接进行试验**

二、颗粒级配

（一） 试验依据

GB/T 14685—2011《建设用卵石、碎石》。

（二） 试验仪器设备

试验室：温度保持在（20±5）℃。

鼓风干燥箱：能使温度控制在（105±5）℃。

天平：称量10kg，感量1g。

方孔筛：孔径为2.36mm、4.75mm、9.50mm、16.0mm、19.0mm、26.5mm、31.5mm、37.5mm、53.0mm、63.0mm、75.0mm及90mm的筛各一只，并附有筛底和筛盖（筛框内径为300mm）。

摇筛机、搪瓷盘、毛刷等。

（三） 试验步骤

（1）按7.1规定取样，并将试样缩分至略大于表10规定的数量，烘干或风干后备用。

表 10　颗粒级配试验所需试样数量

最大粒径/mm	9.5	16.0	19.0	26.5	31.5	37.5	63.0	75.0
最少试样质量/kg	1.9	3.2	3.8	5.0	6.3	7.5	12.6	16.0

（2）根据试样的最大粒径，称取按表 10 的规定数量试样一份，精确到 1g。将试样倒入孔径大小从上到下组合的套筛（附筛底）上，然后进行筛分。

（3）将套筛置于摇筛机上，摇 10min；取下套筛，按筛孔大小顺序再逐个用手筛，筛至每分钟通过量小于试样总量 0.1% 为止。通过的颗粒并入下一号筛中，并和下一号筛中的试样一起过筛，按照这样顺序进行，直至各号筛全部筛完为止。当筛余颗粒的粒径大于 19.0mm 时，在筛分过程中，允许用手指拨动颗粒。

（4）称出各号筛的筛余量，精确至 1g。

（四）结果计算与评定

（1）计算分计筛余百分率：各号筛的筛余量与试样总质量之比，精确至 0.1%。

（2）计算累计筛余百分率：该号筛及以上各筛的分计筛余百分率之和，精确至 1%。筛分后，如每号筛的筛余量与筛底的筛余量之和同原试样质量之差超过 1%，应重新试验。

（3）根据各号筛的累计筛余百分率，采用修约值比较法评定该试样的颗粒级配。

三、含泥量

（一）试验依据

GB/T 14685—2011《建设用卵石、碎石》。

（二）试验仪器设备

试验室：温度保持在（20±5）℃。

鼓风干燥箱：能使温度控制在（105±5）℃。

天平：称量10kg，感量1g。

方孔筛：孔径为75μm及1.18mm的筛各一只。

容器：要求淘洗试样时，保持试样不溅出。

搪瓷盘，毛刷等。

（三）试验步骤

（1）按7.1规定取样，并将试样缩分至略大于表11规定的2倍数量，放在干燥箱中于（105±5）℃下烘干至恒量，待冷却至室温后，分为大致相等的两份备用。

注：恒量系指试样在烘干3h以上，其前后质量之差不大于该项试验所要求的称量精度（下同）。

表11 含泥量试验所需试样数量

最大粒径/mm	9.5	16.0	19.0	26.5	31.5	37.5	63.0	75.0
最少试样质量/kg	2.0	2.0	6.0	6.0	10.0	10.0	20.0	20.0

（2）根据试样的最大粒径，称取按表11的规定数量试样一份，精确到1g。将试样放入淘洗容器中，注入清水，使水面高于试样上表面150mm，充分搅拌均匀后，浸泡2h，然后用手在水中淘洗试样，使尘屑、淤泥和粘土与石子颗粒分离，把浑水缓缓倒在1.18mm及75μm的套筛上（1.18mm筛放在75μm筛上面），滤去小于75μm的颗粒。试验前筛子的两面应先用水润湿。在整个试验过程中应小心防止大于75μm颗粒流失。

（3）再向容器中注入清水，重复上述操作，直至容器内的水目测清澈为止。

（4）用水淋洗剩余在筛上的细粒，并将75μm筛放在水中（使水面略高出筛中石子颗粒的上表面）来回摇动，以充分洗掉小于75μm的颗粒，然后将两只筛上筛余的颗粒和清洗容器中已经洗净的试样一并倒入搪瓷盘中，置于干燥箱中于(105±5)℃下烘干至恒量，待冷却至室温后，称出其质量，精确至1g。

（四）结果计算与评定

（1）含泥量按式（1）计算，精确至0.1%：

$$Q_a = \frac{G_1 - G_2}{G_1} \times 100 \quad \cdots\cdots (1)$$

式中：

Q_a——含泥量，%；

G_1——试验前烘干试样的质量，单位为克（g）；

G_2——试验后烘干试样的质量，单位为克（g）。

（2）含泥量取两次试验结果的算术平均值，精确至0.1%。

（3）采用修约值比较法进行评定。

四、泥块含量

（一）试验依据

GB/T 14685—2011《建设用卵石、碎石》。

（二）试验仪器设备

试验室：温度保持在（20±5）℃。

鼓风干燥箱：能使温度控制在（105±5）℃。

天平：称量10kg，感量1g。

方孔筛：孔径为2.36mm及4.75mm筛各一只。

容器：要求淘洗试样时，保持试样不溅出。

搪瓷盘，毛刷等。

（三）试验步骤

（1）按7.1规定取样，并将试样缩分至略大于表11规定的2倍数量，放在干燥箱中于（105±5）℃下烘干至恒量，待冷却至室温后，筛除小于4.75mm的颗粒，分为大致相等的两份备用。

（2）根据试样的最大粒径，称取按表11的规定数量试样一份，精确到1g。将试样倒入淘洗容器中，注入清水，使水面高于试样上表面。充分搅拌均匀后，浸泡24h。然后用手在水中碾碎泥块，再把试样放在2.36mm筛上，用水淘洗，直至容器内的水目测清澈为止。

（3）保留下来的试样小心地从筛中取出，装入搪瓷盘后，放在干燥箱中于（105 ±5）℃下烘干至恒量，待冷却至室温后，称出其质量，精确到1g。

（四）结果计算与评定

（1）泥块含量按式（2）计算，精确至0.1%：

$$Q_b = \frac{G_2 - G_1}{G_1} \times 100 \quad \cdots\cdots (2)$$

式中：

Q_b——泥块含量,%；

G_1——4.75mm筛筛余试样的质量，单位为克（g）；

G_2——试验后烘干试样的质量，单位为克（g）。

（2）含量取两次试验结果的算术平均值，精确至0.1%。

（3）采用修约值比较法进行评定。

五、针、片状颗粒含量

（一）试验依据

GB/T 14685—2011《建设用卵石、碎石》。

（二）试验仪器设备

试验室：温度保持在（20 ±5）℃。

针状规准仪与片状规准仪。

天平：称量10kg，感量1g。

方孔筛：孔径为4.75mm、9.50mm、16.0mm、19.0mm、26.5mm、31.5mm及37.5mm的筛各一只，并附有筛底和筛盖（筛框内径为300mm）。

摇筛机、搪瓷盘、毛刷等。

（三）试验步骤

（1）按7.1规定取样，并将试样缩分至略大于表12规定的数量，烘干或风干后备用。

表12 针、片状颗粒含量试验所需试样数量

最大粒径/mm	9.5	16.0	19.0	26.5	31.5	37.5	63.0	75.0
最少试样质量/kg	0.3	1.0	2.0	3.0	5.0	10.0	10.0	10.0

（2）根据试样的最大粒径，称取按表12的规定数量试样一份，精确到1g。然后按表13规定的粒级按“颗粒级配”规定进行筛分。

表13 针、片状颗粒含量试验的粒级划分及其相应的规准仪孔宽或间距

（单位：毫米）

石子粒级	4.75~9.50	9.50~16.0	16.0~19.0	19.0~26.5	26.5~31.5	31.5~37.5
片状规准仪相对应孔宽	2.8	5.1	7.0	9.1	11.6	13.8
针状规准仪相对应间距	17.1	30.6	42.0	54.6	69.6	82.8

（3）按表13规定的粒级分别用规准仪逐粒检验，凡颗粒长度大于针状规准仪上相应间距者，为针状颗粒；颗粒厚度小于片状规准仪上相应孔宽者，为片状颗粒。称出其总质量，精确至1g。

（4）石子粒径大于37.5mm的碎石或卵石可用卡尺检验针、片状颗粒，卡尺卡口的设定宽度应符合表14的规定。

表14　大于37.5mm颗粒针、片状颗粒含量试验的粒级划分及其相应的卡尺卡口设定宽度

（单位：毫米）

石子粒级	37.5～53.0	53.0～63.0	63.0～75.0	75.0～90
检验片状颗粒的卡尺卡口设定宽度	18.1	23.2	27.6	33.0
检验针状颗粒的卡尺卡口设定宽度	108.6	139.2	165.6	198.0

（四）结果计算与评定

（1）针、片状颗粒含量按式（3）计算，精确至1%：

$$Q_c = \frac{G_2}{G_1} \times 100 \quad \cdots\cdots（3）$$

式中：

Q_c——针、片状颗粒含量，%；

G_1——试样的质量，单位为克（g）；

G_2——试样中所含针、片状颗粒的总质量，单位为克（g）。

（2）采用修约值比较法进行评定。

六、压碎指标

（一）试验依据

GB/T 14685—2011《建设用卵石、碎石》。

（二）试验仪器设备

试验室：温度保持在（20 ±5）℃。

压力试验机：量程 300kN，示值相对误差 2%。

天平：称量 10kg，感量 1g。

受压试模（压碎指标测定仪）。

方孔筛：孔径分别为 2.36mm，9.50mm 及 19.0mm 的筛各一只。

垫棒：直径 10mm，长 500mm 的圆钢。

（三）试验步骤

（1）按 7.1 规定取样，风干后筛除大于 19.0mm 及小于 9.50mm 的颗粒，并去除针、片状颗粒，分为大致相等的三份备用。当试样中粒径在 9.50 ~ 19.0mm 的颗粒不足时，允许将粒径大于 19.0mm 的颗粒破碎成粒径在 9.50 ~ 19.0mm 的颗粒用作压碎指标试验。

（2）称取试样 3 000g，精确至 1g。将试样分两层装入圆模（置于底盘上）内，每装完一层试样后，在底盘下面垫放一直径为 10mm 的圆钢，将筒按住，左右交替颠击地面各 25 下，两层颠实后，平整模内试样表面，盖上压头。当圆模装不下

3 000g试样时，以装至距圆模上口 10mm 为准。

（3）把装有试样的圆模置于压力试验机上，开动压力试验机，按 1kN/s 速度均匀加荷至 200kN 并稳荷 5s，然后卸荷。取下加压头，倒出试样，用孔径 2.36mm 的筛筛除被压碎的细粒，称出留在筛上的试样质量，精确至 1g。

（四）结果计算与评定

（1）压碎指标按式（8）计算，精确至 0.1%：

$$Q_e = \frac{G_1 - G_2}{G_1} \times 100 \quad \cdots\cdots (8)$$

式中：

Q_e——压碎指标，%；

G_1——试样的质量，单位为克（g）；

G_2——压碎试验后筛余的试样质量，单位为克（g）。

（2）压碎指标取三次试验结果的算术平均值，精确至 1%。

（3）采用修约值比较法进行评定。

七、表观密度（液体比重天平法）

（一）试验依据

GB/T 14685—2011《建设用卵石、碎石》。

（二）试验仪器设备

试验室：试验时各项称量可在15℃～25℃范围内进行，但从试样加水静止的2h起至试验结束，其温度变化不应超过2℃。

鼓风干燥箱：能使温度控制在（105±5）℃。

天平：称量5kg，感量5g；其型号及尺寸应能允许在臂上悬挂盛试样的吊篮，并能将吊篮放在水中称量。

吊篮：直径和高度均为150mm，由孔径为1～2mm的筛网或钻有2～3mm孔洞的耐锈蚀金属板制成。

方孔筛：孔径为4.75mm的筛一只。

盛水容器：有溢流孔。

温度计、搪瓷盘、毛巾等。

（三）试验步骤

（1）按7.1规定取样，并缩分至略大于表16规定的数量，风干后筛除小于4.75mm的颗粒，然后洗刷干净，分为大致相等的两份备用。

表16　表观密度试验所需试样数量

最大粒径/mm	<26.5	31.5	37.5	63.0	75.0
最少试样质量/kg	2.0	3.0	4.0	6.0	6.0

（2）取试样一份装入吊篮，并浸入盛水的容器中，水面至少高出试样50mm。浸泡24h后，移放到称量用的盛水容器中，

并用上下升降吊篮的方法排除气泡（试样不得露出水面）。吊篮每升降一次约 1s，升降高度为30～50mm。

（3）测定水温后（此时吊篮应全浸在水中），准确称出吊篮及试样在水中的质量，精确至5g。称量时盛水容器中水面的高度由容器的溢流孔控制。

（4）提起吊篮，将试样倒入浅盘中，放在干燥箱中于(105±5)℃下烘干至恒量，待冷却至室温后，称出其质量，精确至5g。

（5）称出吊篮在同样温度水中的质量，精确至5g。称量时盛水容器的水面高度仍由溢流孔控制。

（四）结果计算

（1）表观密度按式（9）计算，精确至10kg/m³：

$$\rho_0=\left(\frac{G_0}{G_0+G_2-G_1}-\alpha_t\right)\times\rho_{水} \quad\cdots\cdots\quad (9)$$

式中：

ρ_0——表观密度，单位为千克每立方米（kg/m³）；

G_0——烘干后试样的质量，单位为克（g）；

G_1——吊篮及试样在水中的质量，单位为克（g）；

G_2——吊篮在水中的质量，单位为克（g）；

$\rho_{水}$——1 000，单位为千克每立方米（kg/m³）；

α_t——水温对表观密度影响的修正系数（见表17）。

表 17 不同水温对碎石和卵石的表观密度影响的修正系数

水温/℃	15	16	17	18	19	20	21	22	23	24	25
α_t	0.002	0.003	0.003	0.004	0.004	0.005	0.005	0.006	0.006	0.007	0.008

（2）表观密度取两次试验结果的算术平均值，两次试验结果之差大于 20kg/m³，应重新试验。对颗粒材质不均匀的试样，如果两次试验结果之差超过 20kg/m³，可取 4 次试验结果的算术平均值。

（3）采用修约值比较法进行评定。

八、堆积密度与空隙率

（一）试验依据

GB/T 14685—2011《建设用卵石、碎石》。

（二）试验仪器设备

试验室：试验时各项称量可在 15℃～25℃范围内进行，但从试样加水静止的 2h 起至试验结束，其温度变化不应超过 2℃。

天平：称量 10kg，感量 10g；称量 50kg 或 100kg，感量 50g 各一台。

容量筒：容量筒规格（见表 18）。

垫棒：直径 16mm，长 600mm 的圆钢。

直尺，小铲等。

表 18 容量筒的规格要求

最大粒径/mm	容量筒容积/L	容量筒规格		
		内径/mm	净高/mm	壁厚/mm
9.5，16.0，19.0，26.5	10	208	294	2
31.5，37.5	20	294	294	3
53.0，63.0，75.0	30	360	294	4

（三）试验步骤

（1）按 7.1 规定取样，烘干或风干后，拌匀并把试样分为大致相等的两份备用。

（2）松散堆积密度。

取试样一份，用小铲将试样从容量筒口中心上方 50mm 处徐徐倒入，让试样以自由落体落下，当容量筒上部试样呈堆体，且容量筒四周溢满时，即停止加料。除去凸出容量口表面的颗粒，并以合适的颗粒填入凹陷部分，使表面稍凸起部分和凹陷部分的体积大致相等（试验过程应防止触动容量筒），称出试样和容量筒总质量。

（3）紧密堆积密度。

取试样一份分三次装入容量筒。装完第一层后，在筒底垫放一根直径为 16mm 的圆钢，将筒按住，左右交替颠击地面各 25 次，再装入第二层，第二层装满后用同样方法颠实（但筒底所垫钢筋的方向与第一层时的方向垂直），然后装入第三层，第三层装满后用同样方法颠实（但筒底所垫钢筋的方向与第一层时的方向平行）。试样装填完毕，再加试样直至超过筒口，用钢尺沿筒口边缘刮去高出的试样，并用适合的颗粒填平凹陷部分，使表面稍凸起部分与凹陷部分的体积大致相等。称取试样和容量筒的总质量，精确至10g。

（四）结果计算与评定

（1）松散或紧密堆积密度按式（10）计算，精确至 $10kg/m^3$：

$$\rho_1=\frac{G_1-G_2}{V} \qquad (10)$$

式中：

ρ_1——松散堆积密度或紧密堆积密度，单位为千克每立方米（kg/m^3）；

G_1——容量筒和试样的总质量，单位为克（g）；

G_2——容量筒的质量，单位为克（g）；

V——容量筒的容积，单位为升（L）。

（2）空隙率按式（11）计算，精确至1%：

$$V_0=\left(1-\frac{\rho_1}{\rho_2}\right)\times 100 \qquad (11)$$

式中：

V_0——空隙率，%；

ρ_1——按式（10）计算的松散或紧密堆积密度，单位为千克每立方米（kg/m^3）；

ρ_2——按式（9）计算的表观密度，单位为千克每立方米（kg/m^3）。

（3）堆积密度取两次试验结果的算术平均值，精确至 $10kg/m^3$。空隙率取两次试验结果的算术平均值，精确至1%。

（4）采用修约值比较法进行评定。

九、吸水率

（一）试验依据

GB/T 14685—2011《建设用卵石、碎石》。

（二）试验仪器设备

试验室：试验时各项称量可在15℃～25℃范围内进行，但从试样加水静止的2h起至试验结束，其温度变化不应超过2℃。

鼓风干燥箱：能使温度控制在（105±5）℃。

天平：称量10kg，感量1g。

方孔筛：孔径为4.75mm的筛一只。

容器、搪瓷盘、毛巾、刷子等。

（三）试验步骤

（1）按7.1规定取样，并将试样缩分至略大于表19规定的数量。洗刷干净后分为大致相等的两份备用。

表 19 吸水率试验所需试样数量

石子最大粒径/mm	9.50	16.0	19.0	26.5	31.5	37.5	63.0	75.0
最少试样质量/kg	2.0	2.0	4.0	4.0	4.0	6.0	6.0	8.0

（2）取试样一份置于盛水的容器中，水面应高出试样表面约 5mm，浸泡 24h 后，从水中取出，用湿毛巾将颗粒表面的水分擦干，即成为饱和面干试样，立即称出其质量，精确至 1g。

（3）将饱和面干试样放在干燥箱中于（105 ±5）℃下烘干至恒量，待冷却至室温后，称出其质量，精确至 1g。

（四）结果计算与评定

（1）吸水率按式（13）计算，精确至 0.1%：

$$W=\frac{G_1-G_2}{G_2}\times 100 \quad \cdots\cdots\cdots\cdots (13)$$

式中：

W——吸水率,%；

G_1——饱和面干试样的质量，单位为克（g）；

G_2——烘干后试样的质量，单位为克（g）。

（2）吸水率取两次试验结果的算术平均值，精确至 0.1%。

（3）采用修约值比较法进行评定。

第四章　粉煤灰

一、细度（GB/T 1596—2005 标准附录 A）

（一）试验依据

GB/T 1596—2005《用于水泥和混凝土中的粉煤灰》（附录 A）。

（二）试验仪器设备

试验室：温度为（20±2）℃，试样、仪器和用具的温度应与试验室一致。

负压筛析仪。

天平：量程不小于 50g，最小分度值不大于 0.01g。

（三）试验步骤

（1）将测试用粉煤灰样品置于温度为 105℃～110℃烘干箱内烘干至恒重，取出放在干燥器中冷却至室温。

（2）称取试样约 10g，准确至 0.01g，倒入 45μm 方孔筛筛网上，将筛子置于筛座上，盖上筛盖。

（3）接通电源，将定时开关固定在3min，开始筛析。

（4）开始工作后，观察负压表，使负压稳定在4 000～6 000Pa。若负压小于4 000Pa，则应停机，清理收尘器中的积灰后再进行筛析。

（5）在筛析过程中，可用轻质木棒或硬橡胶棒轻轻敲打筛盖，以防吸附。

（6）3min后筛析自动停止，停机后观察筛余物，如出现颗粒成球、粘筛或有细颗粒沉积在筛框边缘，用毛刷将细颗粒轻轻刷开，将定时开关固定在手动位置，再筛析1～3min直至筛分彻底为止。将筛网内的筛余物收集并称量，准确至0.01g。

（四）结果计算

45μm方孔筛筛余按式（A.1）计算：

$$F=(G_1/G)\times 100 \quad \cdots\cdots\cdots (A.1)$$

式中：

F—— 45μm方孔筛筛余，单位为百分数（%）；

G_1——筛余物的质量，单位为克（g）；

G——称取试样的质量，单位为克（g）。

计算至0.1%。

二、需水量比试验方法（GB/T 1596—2005 标准附录 B）

（一）试验依据

GB/T 1596—2005《用于水泥和混凝土中的粉煤灰》（附录 B）。

（二）试验仪器设备

试验室：温度为（20 ±2）℃，试样、仪器和用具的温度应与试验室一致。

天平：量程不小于 1 000g，最小分度值不大于 1g。

搅拌机：符合 GB/T 17671—1999 规定的行星式水泥胶砂搅拌机。

流动度跳桌：符合 GB/T 2419 规定。

（三）材料

水泥：GSB 14—1510 强度检验用水泥标准样品。

标准砂：符合 GB/T 17671—1999 规定的 0. 5 ~1. 0mm 的中级砂。

水：洁净的饮用水。

（四）试验步骤

（1）胶砂配比按表 B. 1。

表 B. 1

胶砂种类	水泥/g	粉煤灰/g	标准砂/g	加水量/mL
对比胶砂	250	—	750	125
试验胶砂	175	75	750	按流动度达到 130～140mm 调整

（2）试验胶砂按 GB/T 17671 规定进行搅拌。

（3）搅拌后的试验胶砂按 GB/T 2419 测定流动度，当流动度在130～140mm 范围内，记录此时的加水量；当流动度小于130mm 或大于 140mm 时，重新调整加水量，直至流动度达到130～140mm 为止。

（五）结果计算

需水量比按式（B. 1）计算：

$$X = (L_1/125) \times 100 \quad \cdots\cdots (B.1)$$

式中：

X——需水量比，单位为百分数（%）；

L_1——试验胶砂流动度达到 130～140mm 时的加水量，单位为毫升（mL）；

125——对比胶砂的加水量，单位为毫升（mL）。

计算至 1%。

三、含水量试验方法（GB/T 1596—2005 标准附录 C）

（一）试验依据

GB/T 1596—2005《用于水泥和混凝土中的粉煤灰》（附录 C）。

（二）试验仪器设备

试验室：温度为（20±2）℃，试样、仪器和用具的温度应与试验室一致。

天平：量程不小于 50g，最小分度值不大于 0.01g。

烘干箱：可控制温度不低于 110℃，最小分度值不大于 2℃。

（三）试验步骤

（1）称取粉煤灰试样约 50g，准确至 0.01g，倒入蒸发皿中。

（2）将烘干箱温度调整并控制在 105℃～110℃。

（3）将粉煤灰试样放入烘干箱内烘至恒重，取出放在干燥器中冷却至室温后称量，准确至 0.01g。

（四）结果计算

含水量按式（C.1）计算：

$$W = [(w_1 - w_0)/w_1] \times 100 \quad \cdots\cdots (C.1)$$

式中：

W——含水量，单位为百分数（%）；

w_1——烘干前试样的质量，单位为克（g）；

w_0——烘干后试样的质量，单位为克（g）。

计算至0.1%。

四、活性指数试验方法（GB/T 1596—2005 标准附录 D）

（一）试验依据

GB/T 1596—2005《用于水泥和混凝土中的粉煤灰》（附录 D）。

（二）试验仪器设备

试验室：温度为（20±2）℃，试样、仪器和用具的温度应与试验室一致。

天平、搅拌机、振实台、抗压强度试验机等。

（三）试验步骤

（1）胶砂配比按表 D.1。

表 D.1

胶砂种类	水泥/g	粉煤灰/g	标准砂/g	加水量/mL
对比胶砂	450	—	1 350	225
试验胶砂	315	135	1 350	225

（2）将对比胶砂和试验胶砂分别按 GB/T 17671 规定进行搅拌、试体成型和养护。

（3）试体养护至 28 天，按 GB/T 17671 规定分别测定对比胶砂和试验胶砂的抗压强度。

（四）结果计算

活性指数按式（D. 1）计算：

$$H_{28} = (R/R_0) \times 100 \qquad \text{(D. 1)}$$

式中：

H_{28}——活性指数，单位为百分数（%）；

R——试验胶砂 28d 抗压强度，单位为兆帕（MPa）；

R_0——对比胶砂 28d 抗压强度，单位为兆帕（MPa）。

计算至 1%。

五、烧失量的测定——灼烧差减法

（一）试验依据

GB/T 176—2008《水泥化学分析方法》。

（二）试验仪器设备

试验室：温度为（20 ± 2）℃，相对湿度不大于 50%；试样、仪器和用具的温度应与试验室一致。

分析天平、高温炉、瓷坩埚等。

（三）分析步骤

称取约1g试样（m_7），精确至0.000 1g，放入已灼烧恒量的瓷坩埚中，将盖斜置于坩埚上，放在高温炉内，从低温开始逐渐升高温度，在（950±25）℃下灼烧15~20min，取出坩埚置于干燥器中，冷却至室温，称量。反复灼烧，直至恒量。

（四）结果的计算

烧失量的质量分数w_{LOI}按式（21）计算：

$$w_{LOI}=\frac{m_7-m_8}{m_7}\times 100 \quad (21)$$

式中：

w_{LOI}——烧失量的质量分数，%；

m_7——试料的质量，单位为克（g）；

m_8——灼烧后试料的质量，单位为克（g）。

六、游离氧化钙的测定——甘油酒精法（代用法）

（一）试验依据

GB/T 176—2008《水泥化学分析方法》。

（二）试验仪器设备

试验室：温度为（20±2）℃，相对湿度不大于50%；试样、仪器和用具的温度应与试验室一致。

分析天平、游离氧化钙测定仪、锥形瓶等。

（三）分析步骤

称取约0.5g试样（m_{47}），精确至0.000 1g，置于250mL干燥的锥形瓶中，加入30mL甘油—无水乙醇溶液，加入约1g硝酸锶，放入一根搅拌子，装上冷凝管，置于游离氧化钙测定仪上，以适当的速度搅拌溶液，同时升温并加热煮沸，在搅拌下微沸10min后，取下锥形瓶，立即用苯甲酸—无水乙醇标准滴定溶液滴定至微红色消失。再装上冷凝管，继续在搅拌下煮沸至红色出现，再取下滴定。如此反复操作，直至在加热10min后不出现红色为止。

（四）结果的计算

游离氧化钙的质量分数w_{fCaO}按式（57）计算：

$$w_{fCaO}=\frac{T^{n}_{CaO}\times V_{40}}{m_{47}\times 1\ 000}\times 100=\frac{T^{n}_{CaO}\times V_{40}\times 0.1}{m_{47}} \quad \cdots\cdots\cdots\cdots\cdots （57）$$

式中：

w_{fCaO}——游离氧化钙的质量分数，%；

T^{n}_{CaO}——苯甲酸—无水乙醇标准滴定溶液对氧化钙的滴定度，单位为毫克每毫升（mg/mL）；

V_{40}——滴定时消耗苯甲酸—无水乙醇标准滴定溶液的总体积，单位为毫升（mL）；

m_{47}——试料的质量，单位为克（g）。

七、三氧化硫的测定——硫酸钡重量法（基准法）

（一） 试验依据

GB/T 176—2008《水泥化学分析方法》。

（二） 试验仪器设备

试验室：温度为（20±2）℃，相对湿度不大于50%；试样、仪器和用具的温度应与试验室一致。

分析天平、高温炉、中速滤纸、烧杯等。

（三） 分析步骤

称取约0.5g试样（m_{11}），精确至0.000 1g，置于200mL烧杯中，加入约40mL水，搅拌使试样完全分散，在搅拌下加入10mL盐酸（1+1），用平头玻璃棒压碎块状物，加热煮沸并保持微沸（5±0.5）min。玻璃棒底部压一小片定量滤纸，盖上表面皿，加热煮沸，在微沸下从杯口缓慢逐滴加入10mL热的氯化钡溶液，继续微沸3min以上使沉淀良好地形成，然后在常温下静置12~24h或在温热处静置至少4h（仲裁分析应在常温下静置12~24h），此时溶液体积应保持在约200mL。用慢速定量滤纸过滤，以温水洗涤，直至检验无氯离子为止。

将沉淀及滤纸一并移入已灼烧恒量的瓷坩埚中，灰化完全后，放入800℃~950℃的高温炉内灼烧30min，取出坩埚，置于干燥器中冷却至室温，称量。反复灼烧，直至恒量。

（四）结果的计算

试样中三氧化硫的质量分数 w_{SO_3} 按式（24）计算：

$$w_{SO_3}=\frac{m_{12}\times 0.343}{m_{11}}\times 100 \quad \cdots\cdots (24)$$

式中：

w_{SO_3}——三氧化硫的质量分数,%；

m_{12}——灼烧后沉淀的质量，单位为克（g）；

m_{11}——试料的质量，单位为克（g）；

0.343——硫酸钡对三氧化硫的换算系数。

八、安定性

（一）试验依据

GB/T 1596—2005《用于水泥和混凝土中的粉煤灰》；

GB/T 1346—2011《水泥标准稠度用水量、凝结时间、安定性检验方法》。

（二）试验仪器设备

试验室：温度为（20±2）℃，相对湿度应不低于50%；水泥试样、拌和用水、仪器和用具的温度应与试验室一致。

湿气养护箱：温度为（20±1）℃，相对湿度不低于90%。

水泥净浆搅拌机。

雷氏夹膨胀测定仪。

雷氏夹。

电子天平：最大称量不小于1 000g，分度值不大于1g。

玻璃板或金属板：边长或直径80mm、厚度4～5mm的玻璃板或金属板。

试验样品：对比样品和被检验粉煤灰按7∶3质量比混合而成。

（三）雷氏夹试件的成型

将预先准备好的雷氏夹放在已稍擦油的玻璃板上，并立即将已制好的标准稠度净浆一次装满雷氏夹，装浆时一只手轻轻扶持雷氏夹，另一只手用宽约25mm的直边刀在浆体表面轻轻插捣3次，然后抹平，盖上稍擦油的玻璃板，接着立即将试体移至湿气养护箱内养护（24±2）h。

（四）沸煮

调整好沸煮箱内的水位，使其能保证在整个沸煮过程中都超过试件，不需中途添补试验用水，同时又能保证在（30±5）min内升至沸腾。

脱去玻璃板取下试件，先测量雷氏夹指针尖端间的距离（A），精确到0.5mm，接着将试件放入沸煮箱水中的试件架上，指针朝上，然后在（30±5）min内加热至沸并恒沸（180±5）min。

沸煮结束后，立即放掉沸煮箱中的热水，打开箱盖，待箱体冷却至室温，取出试件进行判别。测量雷氏夹指针尖端的距离（C），准确至0.5mm，当两个试件沸煮后增加距离（$C-A$）

的平均值不大于5.0mm时，即认为该粉煤灰安定性合格。当两个试件沸煮后增加距离（$C-A$）的平均值大于5.0mm时，应用同一样品立即重做一次试验，以复验结果为准。

第五章　粒化高炉矿渣粉

一、比表面积（勃氏法）

（一）试验依据

GB/T 18046—2008《用于水泥和混凝土中的粒化高炉矿渣粉》;

GB/T 8074—2008《水泥比表面积测定方法　勃氏法》。

（二）试验仪器设备

试验室：温度为（20±2）℃，相对湿度不大于50%；水泥试样、仪器和用具的温度应与试验室一致。

勃氏比表面积透气仪、烘干箱、分析天平、秒表和中速定量滤纸等。

（三）试验步骤

（1）测定矿渣粉密度：按 GB/T 208 测定矿渣粉密度。

（2）漏气检查：将透气圆孔上口用橡皮塞塞紧，接到压力计上。用抽气装置从压力计一臂中抽出部分气体，然后关闭阀门，观察是否漏气。如发现漏气，可用活塞油脂加以密封。

(3) 空隙率的确定：空隙率选用0.530±0.005。当按上述空隙率不能将试样压至GB/T 8074—2008中7.5规定的位置时，则允许改变空隙率。

空隙率的调整以2 000g砝码（5等砝码）将试样压实至规定的位置为准。

(4) 确定试样量：

试样量按式（1）计算

$$m=\rho V(1-\varepsilon) \qquad (1)$$

式中：

m——需要的试样量，单位为克（g）；

ρ——试样密度，单位为克每立方厘米（g/cm^3）；

V——试料层体积，按JC/T 956测定，单位为立方厘米（cm^3）；

ε——试料层空隙率，参见GB/T 8074—2008标准（附录A）。

(5) 试料层制备：将穿孔板放入透气圆筒的突缘上，用捣棒把一片滤纸放到穿孔板上，边缘放平并压紧。称取确定试样量，精确到0.001g，倒入圆筒，轻敲圆筒的边，使矿渣粉层表面平坦，再放入一片滤纸，用捣器均匀捣实试料直至捣器的支持环与圆筒顶边接触，并旋转1~2圈，慢慢取出捣器。

穿孔板上的滤纸为直径12.7mm、边缘光滑的圆形滤纸片，每次测定需用新的滤纸片。

（6）透气试验：把装有试料层的透气圆筒下锥面涂一薄层活塞油脂，然后把它插入压力计顶端锥形磨口处，旋转 1 ~ 2 圈。要保证紧密连接不致漏气，并不振动所制备的试料层。

打开微型电磁泵慢慢从压力计一臂中抽出空气，直到压力计内液面上升到扩大部下端时关闭阀门。当压力计内液体的凹月面下降到第一条刻线时开始计时，当液体的凹月面下降到第二条刻线时停止计时，记录液面从第一条刻度线到第二条刻度线所需的时间，以秒记录，并记录下试验时的温度。每次透气试验，应重新制备试料层。

（四）计算

（1）当被测试样的密度、试料层中空隙率与标准样品相同，试验时的温度与校准温度之差≤3℃时，按式（2）计算。

$$S=\frac{S_s\sqrt{T}}{\sqrt{T_s}} \quad \cdots\cdots (2)$$

当试验时的温度与校准温度之差 > 3℃ 时，按式（3）计算。

$$S=\frac{S_s\sqrt{\eta_s}\sqrt{T}}{\sqrt{\eta}\sqrt{T_s}} \quad \cdots\cdots (3)$$

式中：

S——被测试样的比表面积，单位为平方厘米每克（cm^2/g）；

S_s——标准样品的比表面积，单位为平方厘米每克（cm^2/g）；

T——被测试样试验时，压力计中液面降落测得的时间，单位为秒（s）；

T_s——标准试样试验时，压力计中液面降落测得的时间，单位为秒（s）；

η——被测试样试验温度下的空气粘度，单位为微帕·秒（μPa·s）；

η_s——标准样品试验温度下的空气粘度，单位为微帕·秒（μPa·s）。

（2）当被测试样的试料层中空隙率均与标准样品试料层空隙率不同，试验时的温度与校准温度之差≤3℃时，按式（4）计算。

$$S=\frac{S_s\sqrt{T}\ (1-\varepsilon_s)\ \sqrt{\varepsilon^3}}{\sqrt{T_s}\ (1-\varepsilon)\ \sqrt{\varepsilon_s^3}} \cdots\cdots (4)$$

如试验时的温度与校准温度之差 > 3℃ 时，按式（5）计算。

$$S=\frac{S_s\sqrt{\eta_s}\sqrt{T}\ (1-\varepsilon_s)\ \sqrt{\varepsilon^3}}{\sqrt{\eta}\sqrt{T_s}\ (1-\varepsilon)\ \sqrt{\varepsilon_s^3}} \cdots\cdots (5)$$

式中：

ε——被测试样试料层中的空隙率；

ε_s——标准样品试料层中的空隙率。

（3）当被测试样的密度和空隙率均与标准样品不同，试验时的温度与校准温度之差≤3℃时，按式（6）计算。

$$S=\frac{S_s\rho_s\sqrt{T}(1-\varepsilon_s)\sqrt{\varepsilon^3}}{\rho\sqrt{T_s}(1-\varepsilon)\sqrt{\varepsilon_s^3}} \cdots\cdots (6)$$

如试验时的温度与校准温度之差>3℃时，按式（7）计算。

$$S=\frac{S_s\rho_s\sqrt{\eta_s}\sqrt{T}(1-\varepsilon_s)\sqrt{\varepsilon^3}}{\rho\sqrt{\eta}\sqrt{T_s}(1-\varepsilon)\sqrt{\varepsilon_s^3}} \cdots\cdots (7)$$

式中：

ρ——被测试样的密度，单位为克每立方厘米（g/cm^3）；

ρ_s——标准样品的密度，单位为克每立方厘米（g/cm^3）。

（五）结果处理

矿渣粉比表面积应由二次透气试验结果的平均值确定。如二次试验结果相差2%以上，应重新试验。计算结果保留至$10cm^2/g$。

二、矿渣粉活性指数及流动度比的测定（GB/T 18046—2008 附录 A）

（一）试验依据

GB/T 18046—2008《用于水泥和混凝土中的粒化高炉矿渣粉》（附录 A）。

（二）试验仪器设备

试验室：温度为（20±2）℃，相对湿度不小于 50%；水泥试样、仪器和用具的温度应与试验室一致。

胶砂搅拌机、振实台、水泥试模等工具。

（三）矿渣粉活性指数试验

（1）试验样品：由对比水泥和矿渣粉按质量 1∶1 组成。

（2）砂浆配比：对比胶砂和试验胶砂配比如表 A. 1 所示。

表 A. 1 胶砂配比

胶砂种类	对比水泥/g	矿渣粉/g	中国 ISO 标准砂/g	水/mL
对比胶砂	450	—	1 350	225
试验胶砂	225	225	1 350	225

（3）砂浆搅拌程序：按 GB/T 17671 进行。

（4）矿渣粉活性指数试验及计算。

分别测定对比胶砂和试验胶砂的7d、28d抗压强度。

矿渣粉7d活性指数按式（A.1）计算，计算结果保留至整数：

$$A_7 = \frac{R_7 \times 100}{R_{07}} \cdots\cdots\cdots\cdots (A.1)$$

式中：

A_7——矿渣粉7d活性指数,%；

R_{07}——对比胶砂7d抗压强度，单位为兆帕（MPa）；

R_7——试验胶砂7d抗压强度，单位为兆帕（MPa）。

矿渣粉28d活性指数按式（A.2）计算，计算结果保留至整数：

$$A_{28} = \frac{R_{28} \times 100}{R_{028}} \cdots\cdots\cdots\cdots (A.2)$$

式中：

A_{28}——矿渣粉28d活性指数,%；

R_{028}——对比胶砂28d抗压强度，单位为兆帕（MPa）；

R_{28}——试验胶砂28d抗压强度，单位为兆帕（MPa）。

（四）矿渣粉的流动度比试验

按表A.1胶砂配比和GB/T 2419进行试验，分别测定对比胶砂和试验胶砂的流动度，矿渣粉的流动度比按式（A.3）计算，计算结果保留至整数：

$$F = \frac{L \times 100}{L_m} \quad \cdots\cdots\cdots\cdots \quad (A.3)$$

式中：

F——矿渣粉流动度比，%；

L_m——对比样品胶砂流动度，单位为毫米（mm）；

L——试验样品胶砂流动度，单位为毫米（mm）。

第六章　外加剂

一、密度（精密密度计法）

（一）试验依据

GB/T 8077—2012《混凝土外加剂匀质性试验方法》。

（二）试验仪器设备

试验室：温度为（20±1）℃，试样、仪器和用具的温度应与试验室一致。

波美比重计。

精密密度计。

超级恒温器或同等条件的恒温设备。

（三）试验步骤

将已恒温的外加剂倒入 500mL 玻璃量筒内，以波美比重计插入溶液中测出该溶液的密度。

参考波美比重计所测溶液的数据，选择这一刻度范围的精密密度计插入溶液中，精确读出溶液凹液面与精密密度计相齐的刻度，此数据即为该溶液的密度 ρ。

（四）结果表示

测得的数据即为20℃时外加剂溶液的密度。

（五）重复性限和再现性限

重复性限为0.001g/mL。

再现性限为0.002g/mL。

二、氯离子含量

（一）试验依据

GB/T 8077—2012《混凝土外加剂匀质性试验方法》。

（二）试验仪器设备

试验室：温度为（20±1）℃，试样、仪器和用具的温度应与试验室一致。

电位测定仪或酸度仪。

银电极或氯电极。

甘汞电极。

电磁搅拌器。

滴定管（25mL）。

移液管（10mL）。

天平：分度值0.000 1g。

（三）试验步骤

（1）准确称取外加剂试样 0.500 0 ~ 5.000 0g，放入烧杯中，加 200mL 水和 4mL 硝酸（1 +1），使溶液呈酸性，搅拌至完全溶解，如不能完全溶解，可用快速定性滤纸过滤，并用蒸馏水洗涤残渣至无氯离子为止。

（2）用移液管向烧杯加入 10mL 0.100 0mol/L 的氯化钠标准溶液，烧杯内加入电磁搅拌子，将烧杯放在电磁搅拌器上，开动搅拌器并插入银电极（或氯电极）及甘汞电极，两电极与电位计或酸度计相连接，用硝酸银溶液缓慢滴定，记录电势和对应的滴定管读数。

由于接近等当点时，电势增加很快，此时要缓慢滴加硝酸银溶液，每次定量加入 0.1mL。当电势发生突变时，表示等当点已过，此时继续滴入硝酸银溶液，直至电势趋向变化平缓。得到第一个终点时硝酸银溶液消耗的体积 V_1。

（3）在同一溶液中，用移液管再加入 10mL 0.100 0mol/L 氯化钠标准溶液（此时溶液电势降低），继续用硝酸银溶液滴定，直至第二个等当点出现，记录电势和对应的硝酸银溶液消耗的体积 V_2。

（4）空白试验。在干净的烧杯中加入 200mL 水和 4mL 硝酸（1 +1）。用移液管加入 10mL 0.100 0mol/L 氯化钠标准溶液，在不加入试样的情况下，在电磁搅拌下，缓慢滴加硝酸银溶液，记录电势和对应的滴定管读数，直至第一个终点出现。过等当点后，在同一溶液中，再用移液管加入 10mL 0.100 0mol/L氯化钠标准溶液，继续用硝酸银溶液滴定至第二个终点，用二次微商法计算出硝酸银溶液消耗的体积 V_{01} 及 V_{02}。

（四）结果表示

用二次微商法计算结果，见 GB/T 8077—2012 附录 A。通过电压对体积二次导数（即 $\Delta^2E/\Delta V^2$）变成零的办法来求出滴定终点。假如在邻近等当点时，每次加入的硝酸银溶液是相等的，此函数（$\Delta^2E/\Delta V^2$）必定会在正负两个符号发生变化的体积之间的某一点变成零，对应这一点的体积即为终点体积，可用内插法求得。

外加剂中氯离子所消耗的硝酸银体积 V 按式（11）计算：

$$V=\frac{(V_1-V_{01})+(V_2-V_{02})}{2} \qquad (11)$$

式中：

V_1——试样溶液加 10mL 0.100 0mol/L 氯化钠标准溶液所消耗的硝酸银溶液体积，单位为毫升（mL）；

V_2——试样溶液加 20mL 0.100 0mol/L 氯化钠标准溶液所消耗的硝酸银溶液体积，单位为毫升（mL）。

外加剂中氯离子含量 X_{Cl^-} 按式（12）计算：

$$X_{Cl^-}=\frac{C\times V\times 35.45}{m\times 1\,000}\times 100 \qquad (12)$$

式中：

X_{Cl^-}——外加剂中氯离子含量，%；

V——外加剂中氯离子所消耗硝酸银溶液体积，单位为毫升（mL）；

m——外加剂样品质量，单位为克（g）。

（五）重复性限和再现性限

重复性限为0.05%。

再现性限为0.08%。

三、水泥净浆流动度

（一）试验依据

GB/T 8077—2012《混凝土外加剂匀质性试验方法》。

（二）试验仪器设备

试验室：温度为（20±1）℃，试样、仪器和用具的温度应与试验室一致。

双转双速水泥净浆搅拌机：符合JC/T 729的要求。

截锥圆模：上口直径36mm，下口直径60mm，高度为60mm，内壁光滑无接缝的金属制品。

玻璃板：400mm×400mm×5mm。

秒表。

钢直尺：300mm。

刮刀。

天平：分度值0.01g。

天平：分度值1g。

（三）试验步骤

（1）将玻璃板放置在水平位置，用湿布抹擦玻璃板、截锥圆模、搅拌器及搅拌锅，使其表面湿而不带水渍。将截锥圆模放在玻璃板的中央，并用湿布覆盖待用。

（2）称取水泥300g，倒入搅拌锅内。加入推荐掺量的外加剂及87g或105g水，立即搅拌（慢速120s，停15s，快速120s）。

（3）将拌好的净浆迅速注入截锥圆模内，用刮刀刮平，将截锥圆模按垂直方向提起，同时开启秒表计时，任水泥净浆在玻璃板上流动，至30s，用直尺量取流淌部分互相垂直的两个方向的最大直径，取平均值作为水泥净浆流动度。

（四）结果表示

表示净浆流动度时，应注明用水量，所用水泥的强度等级标号、名称、型号及生产厂和外加剂掺量。

（五）重复性限和再现性限

重复性限为5mm。

再现性限为10mm。

四、水泥胶砂减水率

（一）试验依据

GB/T 8077—2012《混凝土外加剂匀质性试验方法》。

（二） 试验仪器设备

试验室：温度为（20 ±1）℃，试样、仪器和用具的温度应与试验室一致。

胶砂搅拌机：符合 JC/T 681 的要求。

跳桌、截锥圆模及模套、圆柱捣棒、卡尺均应符合 GB/T 2419 的规定。

抹刀。

天平：分度值 0.01g。

天平：分度值 1g。

（三） 试验步骤

1. 基准胶砂流动度用水量的测定

（1）先使搅拌机处于待工作状态，然后按以下程序进行操作：把水加入锅里，再加入水泥 450g，把锅放在固定架上，并上升至固定位置，然后立即开动机器，低速搅拌 30s 后，在第二个 30s 开始的同时均匀地将砂子加入，机器转至高速再搅拌 30s。停拌 90s，在第一个 15s 内用抹刀将叶片和锅壁上的胶砂刮入锅中，在高速下继续搅拌 60s，各个阶段搅拌时间误差应在 ±1s 以内。

（2）在拌和胶砂的同时，用湿布抹擦跳桌的玻璃台面，捣棒、截锥圆模及模套内壁，并把它们置于玻璃台面中心，盖上湿布，备用。

（3）将拌好的胶砂迅速地分两次装入模内，第一次装至截锥圆模的 2/3 处，用抹刀在相互垂直的两个方向各划 5 次，并用捣棒自边缘向中心均匀捣15次，接着装第二层胶砂，装至高出截锥圆模约20mm，用抹刀划10次，同样用捣棒捣10次，在装胶砂与捣实时，用手将截锥圆模按住，不要使其产生移动。

（4）捣好后取下模套，用抹刀将高出截锥圆模的胶砂刮去并抹平，随即将截锥圆模垂直向上提起置于台上，立即开动跳桌，以每秒一次的频率使跳桌连续跳动25次。

（5）跳动完毕用卡尺量出胶砂底部流动直径，取互相垂直的两个直径的平均值为该用水量时的胶砂流动度，用mm表示。

（6）重复上述步骤，直至流动度达到（180±5）mm。当胶砂流动度为（180±5）mm时的用水量即为基准胶砂流动度的用水量M_0。

2. 掺外加剂胶砂流动度用水量的测定

将水和外加剂加入锅里搅拌均匀，按1的操作步骤测出掺外加剂胶砂流动度达（180±5）mm时的用水量M_1。

（四）结果表示

（1）胶砂减水率（%）按式（15）计算：

$$胶砂减水率=\frac{M_0-M_1}{M_0}\times 100 \quad \cdots\cdots (15)$$

式中：

M_0——基准胶砂流动度为（180±5）mm时的用水量，单位为克（g）；

M_1——掺外加剂的胶砂流动度为（180 ± 5）mm 时的用水量，单位为克（g）。

（2）注明所用水泥的标号、名称、型号和生产厂。

（五）重复性限和再现性限

重复性限为 1.0%。

再现性限为 1.5%。

第七章　混凝土拌合物

一、取样及试样的制备

（一）试验依据

GB/T 50080—2002《普通混凝土拌合物性能试验方法标准》。

（二）试验仪器设备

试验室：温度为（20±5）℃，试样、仪器和用具的温度应与试验室一致。

（三）试验步骤

1. 取样

（1）同一组混凝土拌合物的取样应从同一盘混凝土或同一车混凝土中取样。取样量应多于试验所需量的1.5倍，且不宜小于20L。

（2）混凝土拌合物的取样应具有代表性，宜采用多次采样的方法。一般在同一盘混凝土或同一车混凝土中的约 1/4 处、1/2 处和 3/4 处之间分别取样，从第一次取样到最后一次取样不宜超过 15min，然后人工搅拌均匀。

（3）从取样完毕到开始做各项性能试验不宜超过 5min。

2. 试样的制备

（1）在试验室制备混凝土拌合物时，拌和时试验室的温度应保持在（20±5）℃，所用材料的温度应与试验室温度保持一致。

注：需要模拟施工条件下所用的混凝土时，所用原材料的温度宜与施工现场保持一致。

（2）试验室拌和混凝土时，材料用量应以质量计。称量精度：骨料为±1%；水、水泥、掺合料、外加剂均为±0.5%。

（3）混凝土拌合物的制备应符合《普通混凝土配合比设计规程》JGJ 55 中的有关规定。

（4）从试样制备完毕到开始做各项性能试验不宜超过 5min。

3. 试验记录

（1）取样记录应包括下列内容：

①取样日期和时间；

②工程名称、结构部位；

③混凝土强度等级；

④取样方法；

⑤试样编号；

⑥试样数量；

⑦环境温度及取样的混凝土温度。

（2）在试验室制备混凝土拌合物时，除应记录以上内容外，还应记录下列内容：

①试验室温度；

②各种原材料品种、规格、产地及性能指标；

③混凝土配合比和每盘混凝土的材料用量。

二、坍落度与坍落扩展度法

（一）试验依据

GB/T 50080—2002《普通混凝土拌合物性能试验方法标准》。

（二）试验仪器设备

试验室：温度为（20±5）℃，试样、仪器和用具的温度应与试验室一致。

（三）试验步骤

（1）湿润坍落度筒及底板，坍落度筒内壁和底板上应无明水。底板应放置在坚实水平面上，并把筒放在底板中心，然后用脚踩住两边的脚踏板，坍落度筒在装料时应保持固定的位置。

（2）把按要求取得的混凝土试样用小铲分三层均匀地装入筒内，使捣实后每层高度为筒高的 1/3 左右。每层用捣棒插捣 25 次。插捣应沿螺旋方向由外向中心进行，各次插捣应在截面上均匀分布。插捣筒边混凝土时，捣棒可以稍稍倾斜。插捣底层时，捣棒应贯穿整个深度，插捣第二层和顶层时，捣棒应插透本层至下一层的表面；浇灌顶层时，混凝土应灌到高出筒口。插捣过程中，如混凝土沉落到低于筒口处，则应随时添加。顶层插捣完后，刮去多余的混凝土，并用抹刀抹平。

（3）清除筒边底板上的混凝土后，垂直平稳地提起坍落度筒。坍落度筒的提离过程应在 5 ~ 10s 内完成；从开始装料到提坍落度筒的整个过程应不间断地进行，并应在 150s 内完成。

（4）提起坍落度筒后，测量筒高与坍落后混凝土试体最高点之间的高度差，即为该混凝土拌合物的坍落度值；坍落度筒提离后，如混凝土发生崩坍或一边剪坏的现象，则应重新取样另行测定；如第二次试验仍出现上述现象，则表示该混凝土和易性不好，应予记录备查。

（5）观察坍落后的混凝土试体的黏聚性及保水性。黏聚性的检查方法是用捣棒在已坍落的混凝土锥体侧面轻轻敲打，此时如果锥体逐渐下沉，则表示黏聚性良好，如果锥体倒塌、部分崩裂或出现离析现象，则表示黏聚性不良好。保水性以混凝土拌合物稀浆析出的程度来评定，坍落度筒提起后如有较多的稀浆从底部析出，锥体部分的混凝土也因失浆而骨料外露，则表明此混凝土拌合物的保水性能不好；如坍落度筒提起后无稀浆或仅有少量稀浆自底部析出，则表示混凝土保水性良好。

（6）当混凝土拌合物的坍落度大于 220mm 时，用钢尺测量混凝土扩展后最终的最大直径和最小直径，在这两个直径之差小于 50mm 的条件下，用其算术平均值作为坍落扩展度值；否则，此次试验无效。

如果分析粗骨料在中央集堆或边缘有水泥浆析出，表示此混凝土拌合物抗离析性不好，应予记录。

（四）结果表示

混凝土拌合物坍落度和坍落扩展度值以毫米为单位，测量精确至1mm，结果表达修约至5mm。

三、凝结时间试验

（一）试验依据

GB/T 50080—2002《普通混凝土拌合物性能试验方法标准》。

（二）试验仪器设备

试验室：温度为（20±2）℃，试样、仪器和用具的温度应与试验室一致。

贯入阻力仪。

砂浆试样筒。

标准筛：筛孔为5mm的符合现行国家标准GB/T 6005规定的金属圆孔筛。

（三）试验步骤

（1）应从按本标准“取样及试样制备”制备或现场取样的混凝土拌合物试样中，用5mm标准筛筛出砂浆，每次应筛净，然后将其拌和均匀。将砂浆一次分别装入三个试样筒中，做三个试验。取样混凝土坍落度不大于70mm的混凝土宜用振动台振实砂浆；取样混凝土坍落度大于70mm的宜用捣棒人工捣实。用振动台振实砂浆时，振动应持续到表面出浆为止，不得过振；用捣棒人工捣实时，应沿螺旋方向由外向中心均匀插捣25次，然后用橡皮锤轻轻敲打筒壁，直至插捣孔消失为止。振实或插捣后，砂浆表面应低于砂浆试样筒口约10mm；砂浆试样筒应立即加盖。

（2）砂浆试样制备完毕，编号后应置于温度为（20±2）℃的环境中或现场同条件下待试，并在以后的整个测试过程中，环境温度应始终保持（20±2）℃。现场同条件测试时，应与现场条件保持一致。在整个测试过程中，除在吸取泌水或进行贯入试验外，试样筒应始终加盖。

（3）凝结时间测定从水泥与水接触瞬间开始计时。根据混凝土拌合物的性能，确定测针试验时间，以后每隔0.5h测试一次，在临近初、终凝时可增加测定次数。

（4）在每次测试前2min，将一片20mm厚的垫块垫入筒底一侧使其倾斜，用吸管吸去表面的泌水，吸水后平稳地复原。

（5）测试时将砂浆试样筒置于贯入阻力仪上，测针端部与砂浆表面接触，然后在（10±2）s内均匀地使测针贯入砂浆（25±2）mm深度，记录贯入压力，精确至10N；记录测试时间，精确至1min；记录环境温度，精确至0.5℃。

（6）各测点的间距应大于测针直径的两倍且不小于15mm，测点与试样筒壁的距离应不小于25mm。

（7）贯入阻力测试在0.2～28MPa间应至少进行6次，直至贯入阻力大于28MPa为止。

（8）在测试过程中应根据砂浆凝结状况，适时更换测针，更换测针宜按表4.0.3选用。

表 4.0.3 测针选用规定表

贯入阻力（MPa）	0.2～3.5	3.5～20	20～28
测针面积（mm^2）	100	50	20

（四）结果表示

贯入阻力的结果计算以及初凝时间和终凝时间的确定应按下述方法进行：

（1）贯入阻力应按下式计算：

$$f_{PR}=\frac{P}{A} \quad (4.0.4.1)$$

式中：

f_{PR}——贯入阻力（MPa）；

P——贯入压力（N）；

A——测针面积（mm^2）。

计算应精确至0.1MPa。

（2）凝结时间宜通过线性回归方法确定，是将贯入阻力f_{PR}和时间 t 分别取自然对数 ln（f_{PR}）和 ln（t），然后把 ln（f_{PR}）当作自变量，ln（t）当作因变量作线性回归得到回归方程式：

$$\ln(t)=A+B\ln(f_{PR}) \quad (4.0.4.2)$$

式中：

f_{PR}——贯入阻力（MPa）；

t——时间（min）；

A、B——线性回归系数。

根据式 4.0.4.2 求得当贯入阻力为 3.5MPa 时为初凝时间 t_s，贯入阻力为 28MPa 时为终凝时间 t_e：

$$t_s = e^{(A+B\ln(3.5))} \cdots\cdots \quad (4.0.4.3)$$

$$t_e = e^{(A+B\ln(28))} \cdots\cdots \quad (4.0.4.4)$$

式中：

t_s——初凝时间（min）；

t_e——终凝时间（min）；

A、B——式（4.0.4.2）中的线性回归系数。

凝结时间也可用绘图拟合方法确定，是以贯入阻力为纵坐标，经过的时间为横坐标（精确至 1min），绘制出贯入阻力与时间之间的关系曲线，以 3.5MPa 和 28MPa 画两条平行于横坐标的直线，分别与曲线相交的两个交点的横坐标即为混凝土拌合物的初凝和终凝时间。

（3）用三个试验结果的初凝和终凝时间的算术平均值作为此次试验的初凝和终凝时间。如果三个测值的最大值或最小值中有一个与中间值之差超过中间值的 10%，则以中间值为试验结果；如果最大值和最小值与中间值之差均超过中间值的 10% 时，则此次试验无效。

凝结时间用 h：min 表示，并修约至 5min。

四、表观密度试验

（一）试验依据

GB/T 50080—2002《普通混凝土拌合物性能试验方法标准》。

（二）试验仪器设备

试验室：温度为（20±2）℃，试样、仪器和用具的温度应与试验室一致。

容量筒。

台秤：称量50kg，感量50g。

振动台、捣棒。

（三）试验步骤

（1）用湿布把容量筒内外擦干净，称出容量筒质量，精确至50g。

（2）混凝土的装料及捣实方法应根据拌合物的稠度而定。坍落度不大于70mm的混凝土，用振动台振实为宜；大于70mm的用捣棒捣实为宜。采用捣棒捣实时，应根据容量筒的大小决定分层与插捣次数：用5L容量筒时，混凝土拌合物应分两层装入，每层的插捣次数应为25次；用大于5L的容量筒时，每层混凝土的高度不应大于100mm，每层插捣次数应按每10 000mm^2截面不小于12次计算。各次应由边缘向中心均匀地插捣，插捣底层时捣棒应贯穿整个深度，插捣第二层时，捣棒应插透本层至下一层的表面；每一层捣完后用橡皮锤轻轻沿容器外壁敲打 5~10 次，进行振实，直至拌合物表面插捣孔消失并不见大气泡为止。

采用振动台振实时，应一次将混凝土拌合物灌到高出容量筒口。装料时可用捣棒稍加插捣，振动过程中如混凝土低于筒口，应随时添加混凝土，振动直至表面出浆为止。

（3）用刮尺将筒口多余的混凝土拌合物刮去，表面如有凹陷应填平；将容量筒外壁擦净，称出混凝土试样与容量筒总质量，精确至 50g。

（四）结果计算

混凝土拌合物表观密度的计算应按下式计算：

$$\gamma_h = \frac{w_2 - w_1}{V} \times 1\,000 \qquad (6.0.4)$$

式中：

γ_h——表观密度（kg/m^3）；

W_1——容量筒质量（kg）；

W_2——容量筒和试样总质量（kg）；

V——容量筒容积（L）。

试验结果的计算精确至 $10kg/m^3$。

五、压力泌水试验

（一）试验依据

GB/T 50080—2002《普通混凝土拌合物性能试验方法标准》。

（二）试验仪器设备

试验室：温度为（20±2）℃，试样、仪器和用具的温度应与试验室一致。

压力泌水仪。

量筒：200mL。

捣棒。

（三）试验步骤

（1）混凝土拌合物应分两层装入压力泌水仪的缸体容器内，每层的插捣次数应为20次。捣棒由边缘向中心均匀地插捣，插捣底层时捣棒应贯穿整个深度，插捣第二层时，捣棒应插透本层至下一层的表面；每一层捣完后用橡皮锤轻轻沿容器外壁敲打5～10次，进行振实，直至拌合物表面插捣孔消失并不见大气泡为止；并使拌合物表面低于容器口以下约30mm处，用抹刀将表面抹平。

（2）将容器外表擦干净，压力泌水仪按规定安装完毕后应立即给混凝土试样施加压力至3.2MPa，并打开泌水阀门同时开始计时，保持恒压，泌出的水接入200mL量筒里；加压至

10s 时读取泌水量 V_{10}，加压至 140s 时读取泌水量 V_{140}。

（四）结果计算

压力泌水率应按下式计算：

$$B_V = \frac{V_{10}}{V_{140}} \times 100 \quad \cdots\cdots (5.2.4)$$

式中：

B_V——压力泌水率（%）；

V_{10}——加压至 10s 时的泌水量（mL）；

V_{140}——加压至 140s 的泌水量（mL）。

压力泌水率的计算应精确至 1%。

六、自密实混凝土的坍落扩展度和扩展时间试验方法

（一）试验依据

JGJ/T 283—2012《自密实混凝土应用技术规程》（附录 A）。

（二）试验仪器设备

混凝土坍落度筒。

底板应为硬质不吸水的光滑正方形平板，边长应为 1 000mm，最大挠度不超过 3mm，并应在平板表面标出坍落度筒的中心位置和直径分别为 200mm、300mm、500mm、600mm、

700mm、800mm 及 900mm 的同心圆。

（三）试验步骤

（1）应先润湿底板和坍落度筒，坍落度筒内壁和底板上应无明水；底板应放置在坚实的水平面上，并把筒放在底板中心，然后用脚踩住两边的脚踏板，坍落度筒在装料时应保持在固定的位置。

（2）应在混凝土拌合物不产生离析的状态下，利用盛料容器一次性使混凝土拌合物均匀填满坍落度筒，且不得捣实或振动。

（3）应采用刮刀刮除坍落度筒顶部及周边混凝土余料，使混凝土与坍落度筒的上缘齐平后，随即将坍落度筒沿铅直方向匀速地向上快速提起 300mm 左右的高度，提起时间宜控制在 2s。待混凝土停止流动后，应测量展开圆形的最大直径，以及与最大直径呈垂直方向的直径。自开始入料至填充结束应在 1.5min 内完成，坍落度筒提起至测量拌合物扩展直径结束应控制在 40s 之内完成。

（4）测定扩展度达 500mm 的时间（T_{500}）时，应自坍落度筒提起离开地面时开始，至扩展开的混凝土外缘初触平板上所绘直径 500mm 的圆周为止，应采用秒表测定时间，精确至 0.1s。

（四）结果表示

（1）混凝土的扩展度应为混凝土拌合物坍落扩展终止后扩展面相互垂直的两个直径的平均值，测量精确应至 1mm，结果修约至 5mm。

（2）应观察最终坍落后的混凝土状况，当粗骨料在中央堆积或最终扩展后的混凝土边缘有较多水泥浆析出时，可判定混凝土拌合物抗离析性不合格，应予记录。

第八章　混凝土力学性能及耐久性试验

一、取样

（一）试验依据

GB/T 50080—2002《普通混凝土拌合物性能试验方法标准》;

GB/T 50081—2002《普通混凝土力学性能试验方法标准》。

（二）试验仪器设备

试验室：温度为（20 ±5）℃，试样、仪器和用具的温度应与试验室一致。

（三）试验步骤

（1）同一组混凝土拌合物的取样应从同一盘混凝土或同一车混凝土中取样。取样量应多于试验所需量的 1.5 倍，且不宜小于 20L。

（2）混凝土拌合物的取样应具有代表性，宜采用多次采样的方法。一般在同一盘混凝土或同一车混凝土中的约1/4处、1/2处和3/4处之间分别取样，从第一次取样到最后一次取样不宜超过15min，然后人工搅拌均匀。

（3）从取样完毕到开始做各项性能试验不宜超过5min。

（4）普通混凝土力学性能试验应以三个试件为一组，每组试件所用的拌合物应从同一盘混凝土或同一车混凝土中取样。

二、试件的制作

（一）试验依据

GB/T 50081—2002《普通混凝土力学性能试验方法标准》。

（二）试验仪器设备

试验室：温度为（20±5）℃，试样、仪器和用具的温度应与试验室一致。

试模：应符合《混凝土试模》（JG 3019）中技术要求的规定；应定期对试模进行自检，自检周期为三个月。

振动台：应符合《混凝土试验室用振动台》（JGJ/T 3020）中技术要求的规定；应具有有效期内的计量检定证书。

（三）试验步骤

（1）取样或拌制好的混凝土拌合物应至少用铁锨再来回拌和三次。

（2）根据混凝土拌合物的稠度确定混凝土成型方法，坍落度不大于70mm的混凝土宜用振动台振实；大于70mm的宜用捣棒人工捣实；检验现浇混凝土或预制构件的混凝土，试件成型方法宜与实际采用的方法相同。选择成型方法成型。

①用振动台振实制作试件应按下述方法进行：

将混凝土拌合物一次装入试模，装料时应用抹刀沿各试模壁插捣，并使混凝土拌合物高出试模口；

试模应附着或固定在符合《混凝土试验室用振动台》（JGJ/T 3020）中技术要求的振动台上，振动时试模不得有任何跳动，振动应持续到表面出浆为止；不得过振。

②用人工插捣制作试件应按下述方法进行：

混凝土拌合物应分两层装入模内，每层的装料厚度大致相等；

插捣应按螺旋方向从边缘向中心均匀进行。在插捣底层混凝土时，捣棒应达到试模底部；插捣上层时，捣棒应贯穿上层后插入下层 20～30mm；插捣时捣棒应保持垂直，不得倾斜。然后应用抹刀沿试模内壁插拔数次；

每层插捣次数按在 10 000mm^2截面积内不得少于 12 次；

插捣后应用橡皮锤轻轻敲击试模四周，直至插捣棒留下的空洞消失为止。

③用插入式振捣棒振实制作试件应按下述方法进行：

将混凝土拌合物一次装入试模，装料时应用抹刀沿各试模壁插捣，并使混凝土拌合物高出试模口；

宜用直径为25mm 的插入式振捣棒，插入试模振捣时，振捣棒距试模底板 10～20mm 且不得触及试模底板，振动应持续到表面出浆为止，且应避免过振，以防止混凝土离析；一般振捣时间为 20s。振捣棒拔出时要缓慢，拔出后不得留有孔洞。

（3）刮除试模上口多余的混凝土，待混凝土临近初凝时，用抹刀抹平。

三、试件的养护

（一）试验依据

GB/T 50081—2002《普通混凝土力学性能试验方法标准》。

（二）试验仪器设备

试验室：温度为（20±5）℃，试样、仪器和用具的温度应与试验室一致。

试模：应符合《混凝土试模》（JG 3019）中技术要求的规定；应定期对试模进行自检，自检周期为三个月。

（三）试验步骤

（1）试件成型后应立即用不透水的薄膜覆盖表面。

（2）采用标准养护的试件，应在温度为（20±5）℃的环境中静置一昼夜至两昼夜，然后编号、拆模。拆模后应立即放入温度为（20±2）℃，相对湿度为95%以上的标准养护室中养护，或在温度为（20±2）℃的不流动的$Ca(OH)_2$饱和溶液中养护。标准养护室内的试件应放在支架上，彼此间隔10～20mm，试件表面应保持潮湿，并不得被水直接冲淋。

（3）同条件养护试件的拆模时间可与实际构件的拆模时间相同，拆模后，试件仍需保持同条件养护。

（4）标准养护龄期为28d（从搅拌加水开始计时）。

四、抗压强度试验

（一）试验依据

GB/T 50081—2002《普通混凝土力学性能试验方法标准》。

（二）试验仪器设备

试验室：温度为（20±5）℃，试样、仪器和用具的温度应与试验室一致。

试模：应符合《混凝土试模》（JG 3019）中技术要求的规定；应定期对试模进行自检，自检周期为三个月。

振动台：应符合《混凝土试验室用振动台》（JGJ/T 3020）中技术要求的规定；应具有有效期内的计量检定证书。

压力试验机：应符合《液压式压力试验机》（GB/T 3722）及《试验机通用技术要求》（GB/T 2611）中技术要求外，其测量精度为±1%，试件破坏荷载应大于压力机全量程的20%且小于压力机全量程的80%；应具有加荷速度指示装置或加荷速度控制装置，并应能均匀、连续地加荷；应具有有效期内的计量检定证书。

（三）试验步骤

（1）试件从养护地点取出后应及时进行试验，将试件表面与上下承压板面擦干净。

（2）将试件安放在试验机的下压板或垫板上，试件的承压面应与成型时的顶面垂直。试件的中心应与试验机下压板中心对准，开动试验机，当上压板与试件或钢垫板接近时，调整球座，使接触均衡。

（3）在试验过程中应连续均匀地加荷，混凝土强度等级 < C30 时，加荷速度取每秒钟 0.3 ~ 0.5MPa；混凝土强度等级 ≥ C30 且 < C60 时，取每秒钟0.5 ~ 0.8MPa；混凝土强度等级 ≥ C60 时，取每秒钟 0.8 ~ 1.0MPa。

（4）当试件接近破坏开始急剧变形时，应停止调整试验机油门，直至破坏。然后记录破坏荷载。

（四）结果计算

（1）混凝土立方体抗压强度应按下式计算：

$$f_{cc} = \frac{F}{A} \qquad (6.0.5)$$

式中：

f_{cc}——混凝土立方体试件抗压强度（MPa）；

F——试件破坏荷载（N）；

A——试件承压面积（mm^2）。

混凝土立方体抗压强度计算应精确至 0.1MPa。

（2）强度值的确定应符合下列规定：

①三个试件测值的算术平均值作为该组试件的强度值（精确至 0.1MPa）。

②三个测值中的最大值或最小值中如有一个与中间值的差值超过中间值的 15% 时，则把最大值及最小值一并舍除，取中间值作为该组试件的抗压强度值。

③如最大值和最小值与中间值的差均超过中间值的15%，则该组试件的试验结果无效。

五、抗折强度试验

（一）试验依据

GB/T 50081—2002《普通混凝土力学性能试验方法标准》。

（二）试验仪器设备

试验室：温度为（20±5）℃，试样、仪器和用具的温度应与试验室一致。

试模：应符合《混凝土试模》（JG 3019）中技术要求的规定；应定期对试模进行自检，自检周期为三个月。

振动台：应符合《混凝土试验室用振动台》（JGJ/T 3020）中技术要求的规定；应具有有效期内的计量检定证书。

压力试验机：①应符合《液压式压力试验机》（GB/T 3722）及《试验机通用技术要求》（GB/T 2611）中技术要求外，其测量精度为±1%，试件破坏荷载应大于压力机全量程的20%且小于压力机全量程的80%。应具有加荷速度指示装置或加荷速度控制装置，并应能均匀、连续地加荷。应具有有效期内的计量检定证书。②试验机应能施加均匀、连续、速度可控的荷载，并带有能使两个相等荷载同时作用在试件跨度3分点处的抗折试验装置。③试件的支座和加荷件头应采用直径为20～40mm、长度不小于$b+10$mm的硬钢圆柱，支座立脚点固定铰支，其他应为滚动支点。

（三）试验步骤

（1）试件从养护地取出后应及时进行试验，将试件表面擦干净。

（2）按图 10. 0. 3 装置试件，安装尺寸偏差不得大于 1mm。试件的承压面应为试件成型时的侧面。支座及承压面与圆柱的触面应平稳、均匀，否则应垫平。

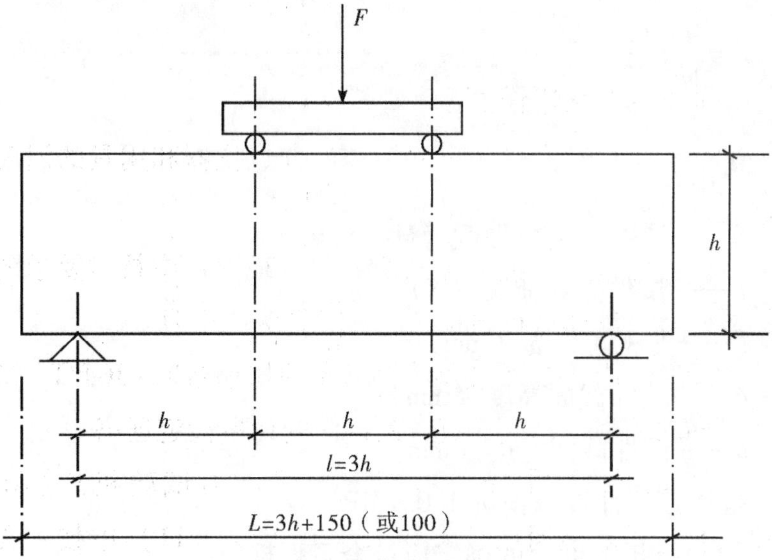

图 10. 0. 3 抗折试验装置

（3）施加荷载应保持均匀、连续。当混凝土强度等级 < C30 时，加荷速度取每秒钟 0. 02 ~ 0. 05MPa；当混凝土强度等级≥C30 且 < C60 时，取每秒钟 0. 05 ~ 0. 08MPa；当混凝土强度等级≥C60 时，取每秒钟 0. 08 ~ 0. 10MPa，至试件接近破坏时，应停止调整试验机油门，直至试件破坏，然后记录破坏荷载。

（4）记录试件破坏荷载的试验机示值及试件下边缘断裂

位置。

（四）结果计算

（1）抗折强度试验结果计算及确定按下列方法进行：

若试件下边缘断裂位置处于两个集中荷载作用线之间，则试件的抗折强度f_f按下式计算：

$$f_f = \frac{Fl}{bh^2} \qquad (10.0.5)$$

式中：

f_f——混凝土抗折强度（MPa）；

F——试件破坏荷载（N）；

l——支座间跨度（mm）；

h——试件截面高度（mm）；

b——试件截面宽度（mm）；

抗折强度计算应精确至0.1MPa。

（2）抗折强度值的确定应符合下列规定：

①三个试件测值的算术平均值作为该组试件的强度值（精确至0.1MPa）；

②三个测值中的最大值或最小值中如有一个与中间值的差值超过中间值的15%时，则把最大及最小值一并舍除，取中间值作为该组试件的抗折强度值；

③如最大值和最小值与中间值的差均超过中间值的15%，则该组试件的试验结果无效。

（3）三个试件中若有一个折断面位于两个集中荷载之外，

则混凝土抗折强度值按另两个试件的试验结果计算。若这两个测值的差值不大于这两个测值的较小值的15%时，则该组试件的抗折强度值按这两个测值的平均值计算，否则该组试件的试验无效。若有两个试件的下边缘断裂位置位于两个集中荷载作用线之外，则该组试件试验无效。

（4）当试件尺寸为100mm×100mm×400mm非标准试件时，应乘以尺寸换算系数0.85；当混凝土强度等级≥C60时，宜采用标准试件；使用非标准试件时，尺寸换算系数应由试验确定。

六、抗水渗透试验（逐级加压法）

（一）试验依据

GB/T 50082—2009《普通混凝土长期性能和耐久性能试验方法标准》。

（二）试验仪器设备

混凝土抗渗仪。

抗渗试模：上口内部直径为175mm、下口内部直径为185mm和高度为150mm的圆台体。

密封材料、钢丝刷等用具。

（三）试验步骤

1. 混凝土取样

（1）混凝土取样应符合现行国家标准《普通混凝土拌合物

性能试验方法标准》GB/T 50080—2002 中的规定。

（2）每组试件所用的拌合物应从同一盘混凝土或同一车混凝土中取样。

2. 试件的制作和养护

（1）试件的制作和养护应符合现行国家标准《普通混凝土力学性能试验方法标准》GB/T 50081—2002 中的规定。

（2）在制作混凝土长期性能和耐久性能试验用试件时，不应采用憎水性脱模剂。

（3）在制作混凝土长期性能和耐久性能试验用试件时，宜同时制作与相应耐久性能试验龄期对应的混凝土立方体抗压强度用试件。

（4）制作混凝土长期性能和耐久性能试验用试件时，所采用的振动台和搅拌机应分别符合现行行业标准《混凝土试验用振动台》JG/T 245 和《混凝土试验用搅拌机》JG 244 的规定。

3. 逐级加压法试验步骤

（1）首先应按 GB/T 50082—2009 标准第 6. 1. 3 条的规定进行试件的密封和安装：

①应先按规定的方法进行试件的制作和养护。抗水渗透试验应以 6 个试件为一组。

②试件拆模后，应用钢丝刷刷去两端面的水泥浆膜，并应立即将试件送入标准养护室进行养护。

③抗水渗透试验的龄期宜为 28d。应在到达试验龄期的前一天，从养护室取出试件，并擦拭干净。待试件表面晾干后，应按下列方法进行试件密封：

A. 当用石蜡密封时，应在试件侧面裹涂一层熔化的内加少量松香的石蜡。然后应用螺旋加压器将试件压入经过烘箱或电炉预热过的试模中，使试件与试模底平齐，并应在试模变冷后解除压力。试模的预热温度，应以石蜡接触试模，即缓慢熔化，但不流淌为准。

B. 用水泥加黄油密封时，其质量比应为(2.5 ~3)：1。应用三角刀将密封材料均匀地刮涂在试件侧面上，厚度应为（1 ~2）mm。应套上试模并将试件压入，应使试件与试模底齐平。

C. 试件密封也可以采用其他更可靠的密封方式。

④试件准备好之后，启动抗渗仪，并开通 6 个试位下的阀门，使水从 6 个孔中渗出，水应充满试位坑，在关闭 6 个试位下的阀门后应将密封好的试件安装在抗渗仪上。

（2）试验时，水压应从 0.1MPa 开始，以后应每隔 8h 增加 0.1MPa 水压，并应随时观察试件端面渗水情况。当 6 个试件中有 3 个试件表面出现渗水时，或加至规定压力（设计抗渗等级）在 8h 内 6 个试件中表面渗水试件少于 3 个时，可停止试验，并记下此时的水压力。在试验过程中，当发现水从试件周边渗出时，应按 GB/T 50082—2009 第6.1.3 条的规定重新进行密封。

（3）混凝土的抗渗等级应以每组 6 个试件中有 4 个试件未出现渗水时的最大水压力乘以 10 来确定。混凝土的抗渗等级应按下式计算：

$$P = 10H - 1 \qquad (6.2.4)$$

式中：

P——混凝土抗渗等级；

H——6 个试件中有 3 个试件渗水时的水压力（MPa）。

第九章　其他试验检验方法

一、矿渣粉比表面积试验方法（FBT－9 型全自动比表面积测定仪法）

（一）试验依据

GB/T 18046—2008《用于水泥和混凝土中的粒化高炉矿渣粉》；

GB/T 8074—2008《水泥比表面积测定方法　勃氏法》。

（二）试验仪器设备

试验室：温度为（20±2）℃，相对湿度不大于50%；水泥试样、仪器和用具的温度应与试验室一致。

FBT－9 型全自动比表面积测定仪、烘干箱、分析天平、镊子、毛刷、漏斗、小勺、保险管、滤纸、容桶一套及水泥细度和比表面积标准样等材料。

（三）试验步骤

1. 标准样试验时仪器常数 *K* 的标定

（1）将标准样放在干燥箱中，在115℃下烘干3h以上；然后取出放在干燥器中冷却至室温。

（2）用电子天平称取标准样。

已知：标准样的比表面积为3 410cm^2/g，标准样的密度为3.01g/cm^3，容桶的标称体积为1.980cm^3，本仪器标准及初测试样空隙率均为0.5。通过公式 $W_S=\rho_S V(1-0.5)$ 计算确定标准样量为2.98g。

（3）将容桶放在金属支架上，放入穿孔板，用推杆将穿孔板放平，再放入一片滤纸，用推杆按到底部平整即可。

（4）通过漏斗将标准样装入容桶（切忌不要振动容桶），用手轻摆容桶将标准样表面基本摆平。

（5）再放入一片滤纸，用捣器轻轻边旋转边将滤纸推入容桶至捣器与容桶完全闭合。

将仪器放平稳，接通电源，打开仪器左侧的电源开关，如果仪器的液晶屏显示Err，表示玻璃压力计内的水位未达到超过最低刻度线。如果未达最低刻度，用滴管从压力计左侧一滴滴地滴入清水，滴水过程中应仔细观察显示屏，如果显示屏出现比表面积值、*K*值和温度值，请停止注入水，仪器这时处于待机状态。

（6）从支撑上取下容桶，在容桶锥部的下部均匀涂上少量黄油。

（7）将容桶边旋转边放入玻璃压力计的锥口部分，观察容桶外壁与压力计内壁间有均匀的黄油密封层即可。

（8）然后是 K 值的测量。

（9）记录仪器标定的 K 值：1.464 8。

2. 矿渣粉比表面积的测定

（1）用 0.9mm 孔筛筛出矿渣粉试样。

将矿渣粉放在干燥箱中，在 115℃下烘干 3h 以上；然后取出放在干燥器中冷却至室温。

（2）用电子天平称取矿渣粉样。

测定前应首先测定出矿渣粉的密度：按 GB/T 208 测定出矿渣粉的密度为 3.26g/cm^3，容桶的标称体积为 1.980cm^3，本仪器标准设定空隙率为 0.5。通过公式 $W=\rho V(1-0.5)$ 计算确定矿渣粉量为 3.22g。

（3）将容桶擦拭干净，放在容桶支架上，放入穿孔板，然后放入一片滤纸，用推杆按到底部平整即可。

（4）将矿渣粉通过漏斗缓缓倒入容桶内，在平整的桌面上（最好是玻璃桌面）用手平行摆动，使在容桶内的矿渣粉表面基本摆平。

（5）在矿渣粉上面放入一片滤纸，用捣器轻轻边旋转边将滤纸推入容桶至捣器与容桶完全闭合。

（6）从支撑上取下容桶，在容桶锥形外部均匀涂抹少量黄油。

（7）轻轻将容桶边旋转边放入玻璃压力计右侧的锥口处，边放边旋转，使黄油均匀分布以便密封接口部分。

（8）然后测量 S 值。注意：在仪器进行抽气工作时，请仔细观察液面，如液面超过最上位光电管 5mm 仍未停止抽气时，请及时按下“测量、复位”键，以免液体抽入电磁阀中；如仪器不停机，请调节气泵速度。

(9) 记录仪器标定的 S 值。

二、外加剂氯离子含量试验方法（SSWY－810 型氯离子含量快速测定仪法）

（一）试验依据

GB/T 8077—2012《混凝土外加剂匀质性试验方法》。

（二）试验仪器设备

试验室：温度为（20±1）℃，试样、仪器和用具的温度应与试验室一致。

SSWY－810 型氯离子含量快速测定仪。

（三）试验步骤

（1）使用前，需将氯离子选择电极浸泡在 1‰mol/L 的氯化钠溶液中活化 1h，玻璃电极放在氯化钾溶液中活化 1h（仪器中已有），如经常使用的，每天用后擦干即可，用前活化 1h。

（2）打开设备电源预热半小时，将电极接入设备。

（3）将 5‰mol/L 的氯离子标定液放在磁力搅拌器上，将两个电极都放入溶液中，打开磁力搅拌器开始搅拌。按操作说明，将设备调整到标准浓度标定窗口，选择上限浓度标定：0.005 0，然后按“确认”键进入上限标定状态，稍等片刻待显示的数据基本稳定后，按“确认”键存入，同时退出上限校准状态，此时按“退出”键让设备退出到待机状态，准备下一步的操作。

（4）将 0.5‰mol/L 的氯离子标定液放在磁力搅拌器上，将两个电极都放入溶液中，打开磁力搅拌器开始搅拌。按操作说明，将设备调整到标准浓度标定窗口，选择下限浓度标定：0.000 5，然后按“确认”键进入下限标定状态，稍等片刻待显示的数据基本稳定后，按“确认”键存入，同时退出下限校准状态。

（5）取 200mL 外加剂溶液，倒入烧杯中，准确称出质量。

（6）按操作说明将设备调整到基本参数设置窗口，将外加剂溶液的体积和质量输入系统中（体积以 mL 为单位，质量以 g 为单位），以便设备计算出每克中的含量。

（7）将外加剂溶液放在磁力搅拌器上，打开磁力搅拌器设备在待机状态下（进入正常运行状态），按“功能”键后等待 1min 左右，设备将自动计算出当前的浓度和每克的氯离子含量。

（8）待数据打印出来后，整个实验过程结束。

三、混凝土拌合物倒筒时间试验方法（坍落度筒倒筒试验法）

（一）试验依据

GB/T 50080—2002《普通混凝土拌合物性能试验方法》；

JGJ/T 283—2012《自密实混凝土应用技术规程》。

（二）试验仪器设备

混凝土坍落度筒。

底板应为硬质不吸水的光滑正方形平板，边长应为1 000mm，最大挠度不得超过3mm。

秒表、钢尺等。

（三）试验步骤

（1）按GB/T 50080—2002《普通混凝土拌合物性能试验方法》的标准要求取样。

（2）应先润湿底板、坍落度筒，坍落度筒内壁和底板上应无明水。底板应放置在坚实的水平面上。

（3）将坍落度筒倒置，放在底板中心，然后将混凝土一次性填充至满。

（4）应用刮刀刮除坍落度筒顶部及周边混凝土余料，随即将坍落度筒沿垂直方向向上提起，当坍落度筒提起时同时按下秒表。

（5）用秒表记录自坍落度筒提起后，至坍落度筒中混凝土完全卸落至底板的时间，即为倒筒时间S。

（四）结果表示

（1）混凝土停止流动后，混凝土拌合物坍落扩展终止后扩展面相互垂直的两个直径的平均值，测量精确应至1mm。

（2）观察最终坍落后的混凝土状况，当粗骨料在中央堆积或最终扩展后的混凝土边缘有水泥浆析出时，可判定混凝土拌合物抗离析性不合格。